GONGCHENG SUYANG XUNLIAN

工程素养训练

陈宇晓　缪　玄　主编

化学工业出版社

·北京·

内 容 简 介

　　工程素质是当今社会每个人应具备的基本素质，学生通过对工程历史及工程基础知识的了解与认识，可以培养工程意识；通过工程项目及"5S"管理技能的训练，可提升工程素质、拓宽知识领域、开拓创新思维。本教材针对高职非机电类专业学生的工程素养训练，内容涵盖工程与安全基础、智能制造基础、钳工制作基础、电工接线基础、木工制作基础、电子制作基础等内容，且有现场管理的内容穿插在各个模块中。适合高职院校非机电类的工商管理、建筑、化工、语言、艺术等专业师生使用。

图书在版编目（CIP）数据

工程素养训练/陈宇晓，缪玄主编． —北京：化学工
业出版社，2023.2
　ISBN 978-7-122-42600-0

　Ⅰ.①工…　Ⅱ.①陈…②缪…　Ⅲ.①工程师-职业
道德-高等职业教育-教材　Ⅳ.①T-29

中国版本图书馆 CIP 数据核字（2022）第 251187 号

责任编辑：王清颢　　　　　　　　　文字编辑：温潇潇　张　宇
责任校对：田睿涵　　　　　　　　　装帧设计：史利平

出版发行：化学工业出版社（北京市东城区青年湖南街 13 号　邮政编码 100011）
印　　装：大厂聚鑫印刷有限责任公司
710mm×1000mm　1/16　印张 7¼　字数 142 千字　　2023 年 3 月北京第 1 版第 1 次印刷

购书咨询：010-64518888　　　　　　售后服务：010-64518899
网　　址：http://www.cip.com.cn
凡购买本书，如有缺损质量问题，本社销售中心负责调换。

定　　价：39.00 元

前言

国务院颁布的国家教育事业发展规划中，明确指出改革创新是发展的根本动力，高等学校必须培养学生的创新创业精神与能力。工程素养是当今社会每个人应具备的基本素质，学生通过对工程历史及工程基础知识的了解与认识，培养工程意识；通过工程项目及"5S"管理技能的训练，提升工程素养、拓宽知识领域、开拓创新思维。开设"工程素养训练"课程响应了以上要求，它为创新创业提供了坚实的工程支撑。通过本课程的学习，可使学生具备创新创业需要具备的基本动手能力。本课程主要面向非机电类的工商管理类、建筑类、化工类、语言类、艺术类等专业的学生。

本教材由陈宇晓、缪玄主编，李欢、王灵玲、韩竹为副主编，沈巧云、韩秀荣、袁建萍、张峰玮、鲁璐、李金陇、贺贤刚、史明旗、乐崇明、郑建华等老师参与了教材的编写工作。

本教材试图以全新的视角，呈现非机电类学生工程素养训练的过程。教材在策划、编写过程中得到了宁波职业技术学院领导的大力支持，也得到了有关专家、学者和兄弟院校同行的支持和指教，在此一并表示诚挚的感谢。

由于编者水平有限，书中难免有不足之处，恳请读者批评指正。

编　者

目录

第1章 工程与安全基础

1.1 机械制图基础

1.1.1 机械制图五个能力

学好机械制图应掌握投影能力、表达能力、绘图能力、读图能力、计算机绘图能力五个能力。

1.1.2 投影图

投影图可分为正投影图和轴测图。

① 正投影图，即线框结构平面图。图 1-1 为对应的正投影图，又称三视图。

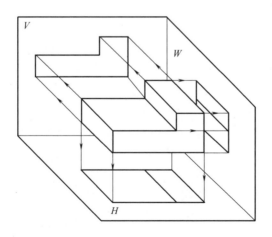

图 1-1 正投影图

② 轴测图，即线框结构立体图（图 1-2）。

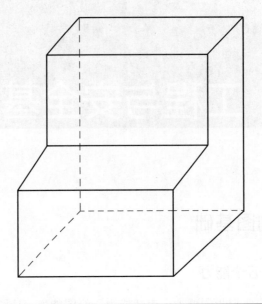

图 1-2　轴测图

1.1.3　机械零件的表达方式

机械零件的表达方式主要有基本视图和其他视图。其他视图又有斜视图、旋转视图与剖视图等。机械制图中一般将主视图、俯视图、左视图称为基本视图。图 1-3 为零件的旋转视图。

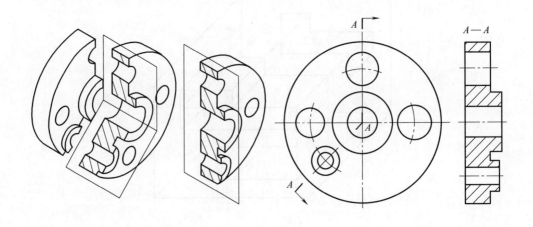

图 1-3　零件的旋转视图

1.1.4 制图基本知识点

（1）制图工具

① 图板与丁字尺。图板作绘图时的垫板，丁字尺画水平线用。

② 三角板。45°和30°-60°各一块，配合使用可画15°倍角的斜线。

③ 圆规。画圆或圆弧，针尖端应用带台阶一端，以防圆心孔扩大。

④ 分规。用来截取某一定长线段或等分线段。

⑤ 比例尺。刻有不同比例的直尺，可从其上直接量取相应长度。

⑥ 铅笔。分为画细线的硬芯（H、HB）铅笔和描粗线的软芯（B、2B）铅笔。

⑦ 曲线板。可用来画非圆曲线。

⑧ 其他工具。削笔刀、量角器、擦图片、橡皮、胶带纸、小刷等。

（2）国家标准的有关规定

① 图纸幅面尺寸和图框格式（GB/T 14689—2008）见表1-1及图1-4。图1-5为标题栏格式及尺寸（一般图中未注明单位的尺寸单位为mm。）

表 1-1　图纸幅面尺寸　　　　　　　　　　　　　　　　　　　　　　　　单位：mm

幅面代号	A0	A1	A2	A3	A4
尺寸 $B \times L$	841×1189	594×841	420×594	297×420	210×297
c	10			5	
a	25				
e	20		10		

注：表中字母含义见图1-4。

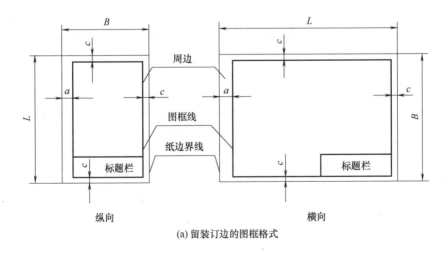

(a) 留装订边的图框格式

图 1-4

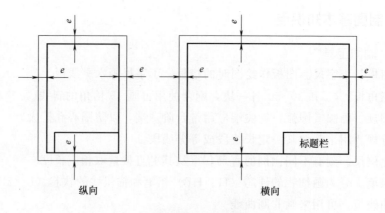

纵向   横向

(b) 不留装订边的图框格式

图 1-4   图框格式

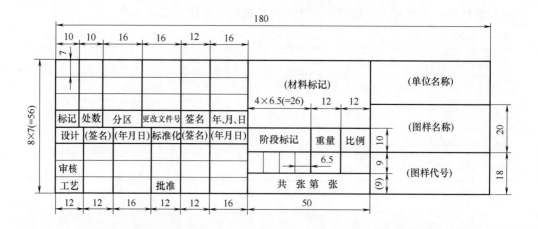

图 1-5   标题栏格式及尺寸

② 图幅比例（GB/T 14690—1993）见表 1-2。

表 1-2   图幅比例

种类	比例	
	优先选取	允许选取
原值比例	$1:1$	
放大比例	$5:1, 2:1, 5\times10^{n}:1, 2\times10^{n}:1, 1\times10^{n}:1$	$4:1, 2.5:1, 4\times10^{n}:1, 2.5\times10^{n}:1$
缩小比例	$1:2, 1:5, 1:10, 1:2\times10^{n},$ $1:5\times10^{n}, 1:1\times10^{n}$	$1:1.5, 1:2.5, 1:3, 1:4, 1:6,$ $1:1.5\times10^{n}, 1:2.5\times10^{n}, 1:3\times10^{n},$ $1:4\times10^{n}, 1:6\times10^{n}$

注：n 为正整数。

③ 图线（GB/T 4457.4—2002）形式及图例见图1-6。

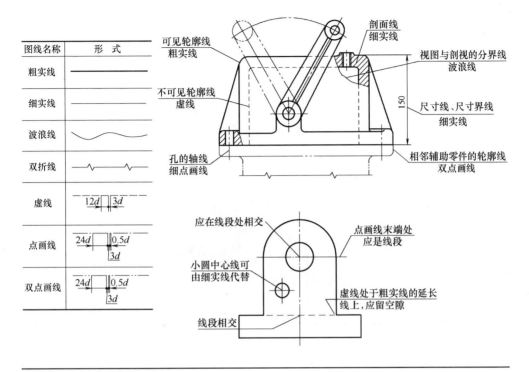

图线名称	形式
粗实线	
细实线	
波浪线	
双折线	
虚线	12d 3d
点画线	24d 0.5d 3d
双点画线	24d 0.5d 3d

图 1-6 图线

④ 字体（GB/T 14691—1993）。图样上的汉字应采用中华人民共和国国务院正式公布推行的《汉字简化方案》中规定的简化字，字体格式为长仿宋体，书写字体必须做到：字体工整、笔画清楚、间隔均匀、排列整齐。字的大小应按字号的规定，字体的号数代表字体的高度。常用字体的高度尺寸 h 为 1.8mm、2.5mm、

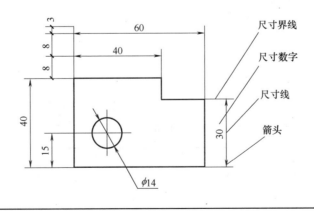

图 1-7 尺寸注法

$3.5mm$、$5mm$、$7mm$、$10mm$、$14mm$、$20mm$。字宽一般为 $h/\sqrt{2}$。如需要书写更大的字，其字高应按 $\sqrt{2}$ 的比率递增。

⑤ 尺寸注法（GB/T 16675.2—2012）见图1-7。

⑥ 真实图纸具体还分零件图与装配图（图1-8）。

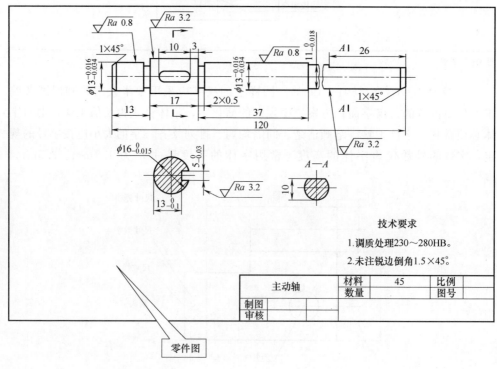

图1-8

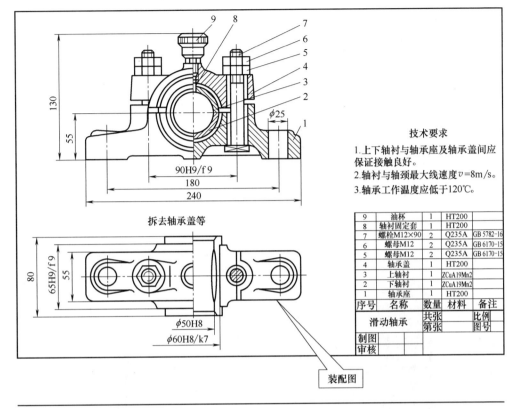

图 1-8 实物的零件图与装配图

（3）绘图的一般步骤

① 准备工作：擦净绘图仪器及工具，削、磨好铅笔及笔芯，清理桌面，洗净双手；根据图形大小及复杂程度，选取比例和图纸幅面；鉴别图纸正反面（光面为正），并将图纸固定在图板左下方适当位置。

② 画底稿（用 2H 或 H 铅笔及圆规）：画图幅边框、图框及标题栏；按合理布局法确定图形在图框中的位置，画各图形的基准线、对称线、轴线等；画图形的主要轮廓线；画各细小结构，完成全部图形底稿；画尺寸界线、尺寸线。

③ 加深（用 2B 或 3B 铅笔及圆规）：检查并校核错、漏后，擦去不必要的作图线；按先粗后细、先曲后直的原则，先加深所有的圆和圆弧，再用丁字尺和三角板按水平线、垂直线、斜线的顺序由上而下、由左向右依次加深各粗实线，最后加深中心轴线、剖面线；画尺寸线的箭头、注写尺寸数字、填写标题栏及其他文字；校核全图，取下图纸，沿图幅边框裁边。

（4）零件图基本知识

① 零件图的作用和内容。一台机器是由若干个零件按一定的装配关系和技术要求装配而成的，我们把构成机器的最小单元称为零件。在生产中，零件图是指导

零件的加工制造、检验的技术文件。零件图的内容包括一组视图、必要尺寸、技术要求、标题栏。

② 零件图的视图选择。为满足生产的需要，零件图的一组视图应视零件的功用及结构形状的不同而采用不同的视图及表达方法。

a. 视图选择的要求。完全（零件各部分的结构、形状及其相对位置表达完全且唯一确定）；正确（视图之间的投影关系及表达方法要正确）；清楚（所画图形要清晰易懂）。

b. 视图选择的方法及步骤。根据几何形体、结构功用及加工方法分析零件；根据零件的安放位置、投射方向选主视图；确定主视图后再选其他视图。

③ 典型零件的视图表达。

a. 箱体、支架类零件视图表达见图1-9。

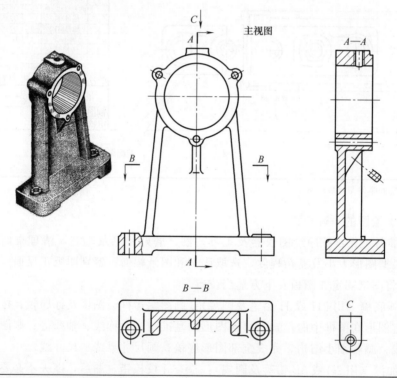

图 1-9　箱体、支架类零件视图表达

b. 轴类零件视图表达见图1-10。

c. 盘类零件视图表达见图1-11。

④ 零件图的尺寸标注与技术要求。

a. 零件图上需标注如下内容。加工制造零件所需的全部尺寸；零件表面的粗糙度要求；尺寸公差和形状位置公差。

b. 有关零件在加工、检验过程中应达到的其他一些技术指标，如材料的热处

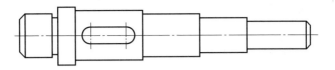

图 1-10 轴类零件视图表达

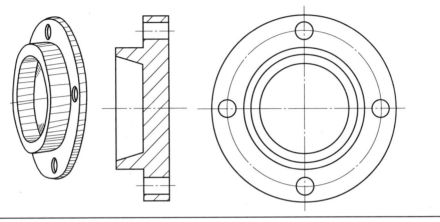

图 1-11 盘类零件视图表达

理要求等，通常作为技术要求写在标题栏上方的空白处。

c. 典型结构的尺寸标注见图 1-12。

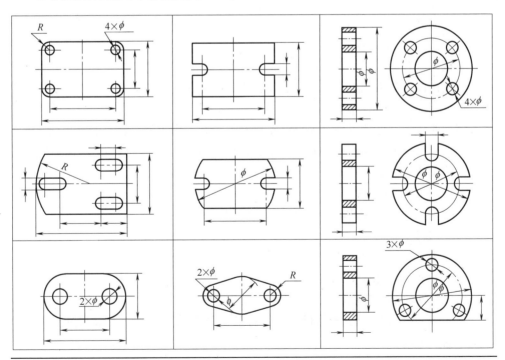

图 1-12 典型结构的尺寸标注

d. 零件图中的表面粗糙度。不论采用何种加工所获得的零件表面，都不是绝对平整和光滑的。由于刀具在零件表面上留下的刀痕、切削时表面金属的塑性变形和机床振动等因素的影响，零件表面存在微观下凹凸不平的轮廓峰谷，这种零件表面具有的较小间距和峰谷所组成的微观几何形状特征，称为表面粗糙度，单位为 μm。

表面粗糙度标注示例如图 1-13 所示。

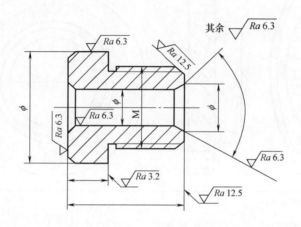

图 1-13 表面粗糙度标注示例

e. 零件图中的公差标注。

• 互换性和公差的概念。在一批相同的零件中任取一个，不经过任何修配就能装到机器（或部件）上，并能保证使用性能，零件的这种性质，称为互换性。零件具有互换性，为机械工业现代化协作生产、专业化生产、提高劳动效率提供了重要条件。

零件的尺寸是保证零件互换性的重要几何参数，为了使零件具有互换性，并不要求零件的尺寸加工得绝对准确，而是在保证零件的力学性能和互换性的前提下，允许零件尺寸有一个变动量，这个允许尺寸的变动量称为公差。

• 公差的标注。图 1-14 为公差的标注示例。

• 零件图中的形状和位置公差种类如图 1-15 所示。

（5）装配图基本知识

① 装配图的内容和作用。

a. 一组视图。用于表示各零件间的相对位置关系、相互连接方式和装配关系，表达主要零件的结构特点以及机器或部件的工作原理。

b. 必要的尺寸。用于表示机器或部件的规格性能，装配、安装尺寸，总体尺寸和一些重要尺寸。

c. 技术要求。用符号或文字说明装配、检验时必须满足的条件。

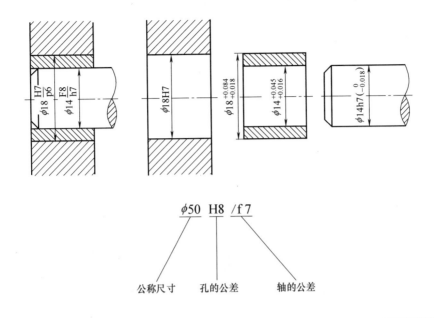

公称尺寸　　　孔的公差　　　轴的公差

图 1-14　公差的标注示例

公差	项目	符号	公差	项目	符号
形状公差	直线度	——	位置公差	平行度	∥
	平面度	▱	定向	垂直度	⊥
	圆度	○		倾斜度	∠
	圆柱度	⌭	定位	同轴度	⌖
				对称度	◎
				位置度	⊕
形状公差或位置公差	线轮廓度	⌒	跳动	圆跳动	↗
	面轮廓度	⌓		全跳动	⌰

图 1-15　零件图中的形状和位置公差种类

d. 零件序号、明细栏和标题栏。用于说明零件的序号、名称、数量和材料等有关事项。

② 装配图的画法。

a. 零件的接触面或配合面，规定只画一条线。对于非接触面、非配合表面，即使间隙再小，也必须画两条线，详见图 1-16。

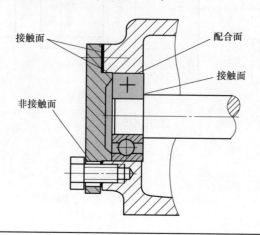

图 1-16 装配图的画法 (1)

b. 相邻两零件的剖面线倾斜方向应相反，如图 1-17 中轴承盖与轴承座的剖面线。若相邻零件多于两个，则应以不同间隔与相邻零件相区别。同一零件在各个视图上的剖面线方向和间隔应一致，详见图 1-17。

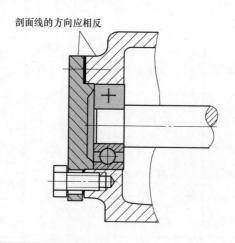

图 1-17 装配图的画法 (2)

c. 当剖切平面通过标准件和实心零件的轴线时，如螺纹紧固件、键、销、轴、杆等，这些零件不画剖面线，详见图 1-18。

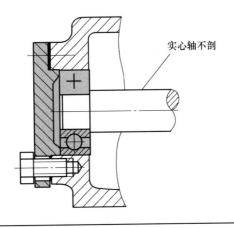

实心轴不剖

图 1-18 装配图的画法（3）

③ 装配图的技术要求。装配图的技术要求是指装配时的调整及加工说明，试验和检验的有关数据，技术性能指标及维护保养、使用注意等事项的说明。一般用文字写在明细栏上方或图纸下方空白处。

④ 装配图编注零件序号的一些规定。

a. 装配图中的序号由横线（或圆圈）、指引线、圆点和数字四个部分组成。指引线应自零件的可见轮廓线内引出，并在起始端画一圆点，在另一端横线上（或圆内）填写零件的序号。指引线和横线都用细实线画出。指引线之间不允许相交，且避免与剖面线平行。

b. 每种不同的零件各编写一个序号，规格相同的零件共用一个序号。标准化组件，如油杯、滚动轴承和电动机等，可看成是一个整体，只编注一个序号。

c. 零件的序号应沿水平或垂直方向，按顺时针或逆时针方向排列。

d. 对紧固件或装配关系清楚的零件组，允许采用公共指引线，详见图 1-19。

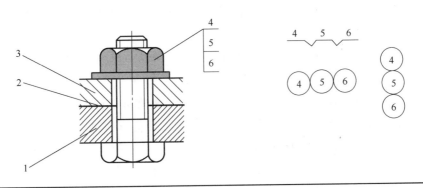

图 1-19 装配图编注零件序号的画法

⑤ 装配图的明细栏。明细栏是装配图中全部零件的详细目录，一般绘制在标题栏上方。零件的序号自下而上填写。如果位置不够，可将明细栏分段画在标题栏的左方；若零件过多，在图面上画不下时，可在另一张图纸上单独编写。明细栏的基本内容，详见图 1-20。

2				
1				
序号	名称	数量	材料	备注
（图名）		比例	（图号）	
		件数		
制图	（日期）	重量	共　张　第　张	
校对	（日期）	（校　名）		
审核	（日期）			

图 1-20 装配图的明细栏

（6） AutoCAD 简介

现在，机械图纸普遍都是采用根据草图，用计算机绘出的方式。加工用的图纸一般需要二维平面图，常用 AutoCAD 软件画出。分析等要用到的三维立体图，常用 UG、Pro/E 等软件画出。AutoCAD 是一个可视化的绘图软件，许多命令和操作可以通过菜单选项和工具按钮等多种方式实现，具有丰富的绘图和绘图辅助功能。其主要功能如下。

① 平面绘图。能以多种方式创建直线、圆、椭圆、多边形、样条曲线等基本图形对象。

② 绘图辅助工具。提供了正交、对象捕捉、极轴追踪、捕捉追踪等绘图辅助工具。正交功能使用户可以很方便地绘制水平、竖直直线，对象捕捉可帮助用户拾取几何对象上的特殊点，而追踪功能使画斜线及沿不同方向定位点变得更加容易。

③ 编辑图形。具有强大的编辑功能，可以移动、复制、旋转、阵列、拉伸、延长、修剪、缩放对象等。

④ 标注尺寸。可以创建多种类型尺寸，标注外观可以自行设定。

⑤ 书写文字。能轻易在图形的任何位置、沿任何方向书写文字，可设定文字字体、倾斜角度及宽度缩放比例等。

⑥ 三维绘图。可创建 3D 实体及表面模型，能对实体进行编辑。

AutoCAD 图例见图 1-21。

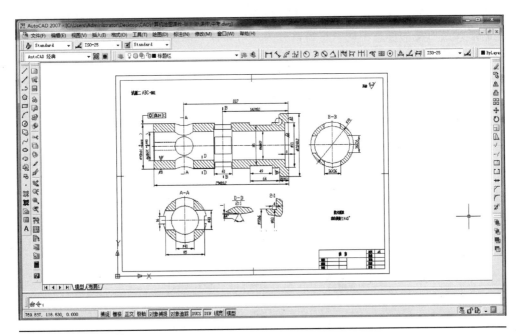

图 1-21 AutoCAD 图例

1.2 材料及热处理基础

1.2.1 工程材料基础知识

材料是人类文明生活的物质基础。纵观人类历史的发展，每一类主要材料的发现和应用，都大大加速社会文明的发展。人类社会所谓石器时代、青铜器时代和铁器时代就是按生产活动中起主要作用的工具材料划分的。机械工程材料是指制造工程构件、机器零件和工具使用的材料。按材料的化学成分、结合键的特点，机械工程材料可分金属材料、非金属材料和复合材料三大类。其中应用最广泛的为金属材料，在此仅对金属材料的性能进行详细介绍。

1.2.1.1 常用机械工程材料简介

（1）金属材料

① 钢铁材料。钢铁材料（黑色金属）是指钢和铸铁，工业用钢按化学成分可分为碳素钢和合金钢两大类。碳素钢是碳的质量分数小于 2.11％ 的铁碳合金。合金钢是为了改善和提高碳素钢的性能或使之获得某些特殊性能，在碳素钢的基础上，特意加入某些合金元素而得到的以铁为基础的多元合金。合金钢的性能比碳素钢更加优良，因此合金钢的用量逐年增大。铸铁是以铁和碳为主的合金，其碳的质量分数大于 2.11％，此外还含有硅、锰、硫、磷等元素。铸铁由于生产方法简便、

成本低廉、性能优良，所以成为人类广泛使用的金属材料之一。根据碳在铸铁中存在的形式及石墨的形态不同，将铸铁分为灰口铸铁、球墨铸铁、可锻铸铁、蠕墨铸铁、合金铸铁五种。

② 非铁材料。工业上把钢铁以外的金属称为非铁材料（有色金属），非铁材料及其合金具有钢铁材料所没有的许多特殊的力学性能、物理性能和化学性能，是现代工业中不可缺少的金属材料。非铁材料常用的有铝及铝合金、铜及铜合金等。

工程中钢最常用，主要分类如图 1-22：

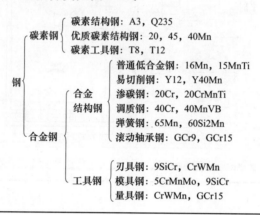

图 1-22 钢的分类

（2）非金属材料

非金属材料指具有非金属性质（导电性、导热性差）的材料。非金属材料可分为无机材料和有机材料两大类。

① 无机材料是由无机物单独或混合其他物质制成的材料，通常指由硅酸盐、铝酸盐、硼酸盐、磷酸盐、锗酸盐等原料和氧化物、氮化物、碳化物、硼化物、硫化物、硅化物、卤化物等原料经一定的工艺制备而成的材料。属于无机材料的有耐火材料、陶瓷、磨料、碳和石墨材料、石棉等。

② 有机材料指的是成分为有机化合物的材料。其最基本的组成要素是都含碳元素。棉、麻、化纤、塑料、橡胶等都属于此类。"有机"是指含碳的，尤指其中氢原子连接到碳原子上的化合物。化合物上的各部分互相关联协调而不可分，就像一个生物体那样有机联系。属于有机材料的有木材、皮革、胶黏剂和高分子合成材料（合成橡胶、合成树脂、合成纤维）等。

（3）复合材料

复合材料是人们运用先进的材料制备技术将不同性质的材料组分优化组合而成的新材料。复合材料主要可分为结构复合材料和功能复合材料两大类。

① 结构复合材料是作为承力结构使用的材料，基本上由能承受载荷的增强体组元与能连接增强体成为整体材料同时又起传递力作用的基体组元构成。增强体包括各种天然纤维、织物、晶须、片材和颗粒等，基体则有高聚物（树

脂）、金属、陶瓷、玻璃、碳和水泥等。由不同的增强体和不同基体即可组成名目繁多的结构复合材料，并以所用的基体来命名，如高聚物（树脂）基复合材料等。结构复合材料的特点是可根据材料在使用中受力的要求进行组元选材设计，更重要的是还可进行复合结构设计，即增强体排布设计，能合理地满足需要并节约用材。

② 功能复合材料一般由功能体组元和基体组元组成，基体不仅起到构成整体的作用，而且起到产生协同或加强功能的作用。功能复合材料是指除力学性能以外可提供其他物理性能的复合材料。凸显某一功能，如导电、超导、半导、磁性、压电、阻尼、吸波、透波、摩擦、屏蔽、阻燃、防热、吸声、隔热等的复合材料，统称为功能复合材料。

1.2.1.2　金属材料的性能

在机械工程中，金属材料得到广泛的应用，是因为其具有很好的使用性能和工艺性能。使用性能是指机械零件在使用条件下，金属材料表现出来的性能。它包括力学性能、物理性能、化学性能等。金属材料使用性能的好坏，决定了机械零件的使用范围和寿命。工艺性能是指金属材料在加工过程中表现出来的加工难易程度，它的好坏决定了它在加工过程中成形的适应能力。

（1）力学性能

金属材料受到外力作用时所表现来的特性称为力学性能。金属的力学性能主要有强度、塑性、硬度和冲击韧性等。材料的力学性能是零件选材、零件设计的重要依据。

① 强度和塑性。强度是指金属抵抗永久变形和断裂的能力。常用的强度指标是屈服点和抗拉强度，屈服点和抗拉强度可用拉伸试验测定。屈服点是指材料在拉伸过程中，载荷不增大而试样伸长量却在继续增加时的应力，用 σ_s 表示。机械设计中，有时机械零件不允许发生塑性变形，或只允许少量的塑性变形，否则会失效，因此屈服点是机械零件设计的主要依据。抗拉强度是指试样在拉断前所能承受的最大应力，用 σ_b 表示。它是机械零件设计和选材的主要依据。

塑性是指在外力作用下产生永久变形而不被破坏的能力。常用的塑性指标有伸长率 $\delta(\%)$ 和断面收缩率 $\psi(\%)$，在拉伸试验中可同时测得。δ 和 ψ 越大，材料的塑性越好。

② 硬度。硬度是指材料抵抗外物压入的能力，如抵抗塑性变形、压痕或划痕的局部变形能力，是衡量金属软硬的依据。在产品设计图样的技术条件中，硬度是一项重要的技术指标。硬度实验在实际生产中是判断机械零件力学性能最常用的重要实验方法。生产中应用较多的有洛氏硬度和布氏硬度。

洛氏硬度的测定是用顶角为120°的金刚石圆锥或直径为 1.588mm 的淬硬钢球作压头，以相应的载荷压入试样表面，由压痕深度确定其硬度值。洛氏硬度可以从硬度计读数装置上直接读出。洛氏硬度有三种常用标度，分别以 HRC、HRB、

HRA表示。硬度值数字写在字母前面，如55HRC、80HRB等。

布氏硬度的测定是用一定直径的淬硬钢球或硬质合金球，在规定的载荷作用下压入试样表面，保持一定时间后，卸除载荷，取下试样，用读数显微镜测出表面压痕直径，根据压痕直径、压头直径及所受载荷查表，可得出布氏硬度值。

③ 冲击韧度。是指材料在冲击载荷作用下抵抗断裂的能力。常用两种度量方法：材料受到冲击破坏时的吸收功，用 $A(J)$ 表示；单位横断面上的冲击吸收功即冲击韧度，用 $\alpha_K (J/cm^2)$ 表示。冲击韧度的测定在冲击试验机上进行。

（2）物理、化学性能

金属材料的物理、化学性能主要有密度、熔点、导电性、导热性、热胀性、耐热性、耐蚀性等。根据机械零件用途的不同，对材料的物理、化学性能要求亦有不同。例如飞机上的一些零件要选用密度小的材料，如铝合金等。

金属材料的物理、化学性能对制造工艺也有影响。例如导热性差的材料，进行切削加工时刀具的温升就快，刀具寿命短；热胀系数的大小会影响金属热加工后工件的变形和开裂，故热胀系数大的材料进行锻压或热处理时，加热速度应慢些，以免产生裂纹。

（3）工艺性能

从材料到零件或产品的整个生产过程比较复杂，涉及多种加工方法。为了使工艺简便、成本低廉，且能保证质量，要求材料具有相应的工艺性能。其主要包含以下几个内容。

① 铸造性能。主要包含流动性和收缩性，前者是指熔融金属的流动能力，后者指浇注后熔融金属冷却到室温时伴随的体积和尺寸的减小。

② 锻造性能。主要指金属进行锻造时，其塑性的好坏和变形抗力的大小。塑性高、变形抗力小，则锻造性好。

③ 焊接性能。主要指在一定焊接工艺条件下，获得优质焊接接头的难易程度。它受到材料本身的特性和工艺条件的影响。

④ 加工性能。工件材料接受切削加工的难易程度称为材料的加工性能。材料加工性能的好坏与材料的力学、物理、化学性能有关。

1.2.2 钢的常用热处理方法

（1）概述

钢的热处理是将钢在固态下通过加热、保温、冷却的方法，使钢的组织结构发生变化，从而获得所需性能的工艺方法。钢的热处理工艺过程包括下列三个步骤。

① 加热。以一定的加热速度把零件加热到规定的温度范围。这个温度范围可根据不同的金属材料、不同的热处理要求确定。

② 保温。工件在规定温度下，恒温保持一定时间，使零件内外温度均匀。

③ 冷却。保温后的零件以一定的冷却速度冷却下来。

在机械制造中，热处理具有很重要的地位。例如，钻头、锯条、冲模，必须有高的硬度和耐磨性方能保持锋利，达到加工金属的目的。因此，除了选用合适的材料外，还必须进行热处理，才能达到上述要求。此外，热处理还可改善材料的工艺性能，如加工性，使切削省力，刀具磨损小，且工件表面质量高。

（2）热处理方法

热处理方法有很多，一般可分为普通热处理、表面热处理和化学热处理等。

① 普通热处理。钢的普通热处理工艺有退火、正火、淬火、回火四种。

a. 退火。退火是将金属或合金加热到适当温度，保温一段时间，然后缓慢冷却的热处理工艺。退火的主要目的是降低硬度、消除内应力、改善组织和性能、为后续的机械加工和热处理做好准备。生产上常用的退火方法有消除中碳钢铸件缺陷的完全退火、改善高碳钢（如刀具、量具、模具等）加工性的球化退火及去除大型铸件/锻件应力的去应力退火等。

b. 正火。正火是将钢加热到适当温度，保温适当的时间后，在空气中冷却的热处理工艺。正火的目的是细化晶粒、消除内应力，这与退火的目的基本相同。但由于正火冷却速度比退火冷却速度快，故同类钢正火后的硬度和强度要略高于退火。而且由于正火不是随炉冷却，所以生产率高、成本低。因此在满足性能要求的前提下，应尽量采用正火。普通的机械零件常用正火作为最终热处理。

c. 淬火。淬火是将钢件加热到适当温度，保持一定时间，然后经较快速度冷却的热处理工艺。淬火的目的是提高钢的硬度和耐磨性。淬火是钢件强化中最经济有效的热处理工艺，几乎所有的工模具和重要零部件都需要进行淬火处理，因此淬火也是热处理中应用最广的工艺之一。

d. 回火。回火是指钢件淬硬后，再加热到适当温度，保温一定时间，然后冷却到室温的热处理工艺。淬火钢回火的目的是消除和降低内应力、防止开裂、调整硬度、提高韧性，从而获得强度、硬度、塑性和韧性配合适当的力学性能，稳定钢件的组织和尺寸。一般淬火后的钢件必须立即回火，避免造成淬火钢件的进一步变形和开裂。习惯上常将淬火及高温回火的复合热处理工艺称为调质。钢经调质后具有强度、硬度、塑性、韧性都较好的综合力学性能，回火后硬度一般为 $200 \sim 300 \mathrm{HBS}$。各种重要零件如连杆、螺栓、齿轮及轴类等常需进行调质处理。

② 表面热处理。表面热处理是指仅对工件表面进行热处理以改变其组织和性能的工艺。表面热处理只对一定深度的表层进行强化，而心部基本上保持处理前的组织和性能，因而工作表面可获得高强度、高耐磨性，而心部获得高韧性。同时由于表面热处理是局部加热，所以能显著减少淬火变形，降低能耗。

1.3 机械制造基础

1.3.1 材料及毛坯的选择

机械零件多数是通过铸、锻、焊、冲压等方法把原材料制成毛坯，然后再通过切削加工制成合格零件，装配成机器。常用零件毛坯种类有铸件、锻件、焊接件、冲压件和型材等。受力较简单、以承压为主、形状较复杂的零件毛坯一般选铸件；受力较大、载荷较复杂、工况条件较差、形状较简单的重要零件毛坯一般选锻件；连接金属型材的零件毛坯一般选焊接件。选择材料及毛坯的基本原则如下。

（1）满足零件使用性能要求

零件的使用性能要求体现在对其形状、尺寸、加工精度、表面粗糙度等外部质量及化学成分、金属组织、力学性能、物理化学性能、工艺性能等内部质量的要求上。根据零件的工作条件找出其对材料的要求，这是选材的基本出发点。零件实际工作条件包括零件工作空间、与其他零件之间的位置关系、工作时的受力情况、工作温度和接触介质等。根据零件的类型、用途和工作条件以及形状、尺寸和设计技术要求等确定选用什么材料和毛坯的类型及制造方法。材料预选后，还应通过试验进一步验证材料的可靠性。

（2）满足经济性要求

在满足零件使用性能要求的前提下，把几种可供选择的方案从经济上进行分析比较，从中选择成本低廉的材料。经济性应从降低零件整体生产成本考虑，并注意材料应便于采购和管理。

（3）适宜生产批量和生产条件

生产批量对选择材料及毛坯类型和制造方法影响也很大。一般来说，在单件、小批量生产中，应选择常用材料、通用设备和工具，较低精度、较低生产率的生产方法。这样，毛坯的生产周期短，能节省生产准备时间和工艺装备的设计和制造费用。虽然单件产品消耗的材料和工时较多，但总的成本还是比较低的。对于铸件，应优先选用灰口铸铁材料和手工砂型铸造方法；对于锻件，应优先选用碳素结构钢材料和自由锻造方法；对于焊接件，应优先选用低碳钢材料和电弧焊加工。

在大批量生产中，应选择专用材料、专用设备和工具以及高精度、高生产率的生产方法。这样，毛坯的生产率及精度高。虽然专用的材料和工艺装备增加了费用，但材料用量和切削加工工时会大幅度下降，总的成本也比较低。对于铸件，应优先选用球墨铸铁材料和机器造型或特种铸造方法；对于锻件，应优先选用合金结构钢材料和模型锻造方法；对于焊接件，应优先选用低合金高强度结构钢材料和机械化焊接方法。

生产条件是指一个企业的设备条件、技术水平及管理水平等。选择毛坯及制造方法需考虑本企业的生产条件，也要考虑与其他企业协作生产。

1.3.2 表面加工方法

机械零件尽管多种多样，但均由一些外圆、内圆（孔）、平面、成形表面等常见表面所组成。加工零件的过程，实际上是加工这些常见表面的过程。每一种表面的加工方法是由几种加工方法组合，并由粗到精地加工，即经粗加工→半精加工→精加工→光整加工，逐步提高以达到所规定的技术要求。

零件主要的技术要求有尺寸精度、形状精度、位置精度、表面粗糙度等。

（1）选择表面加工方法的依据

① 根据表面的尺寸精度和表面粗糙度值选择。

② 根据表面所在零件的结构形状和尺寸大小选择。

③ 根据零件的生产批量选择。

④ 根据零件热处理状况选择。

⑤ 根据零件材料的性能选择。

⑥ 根据本单位技术条件和生产条件选择。

（2）常见表面加工方法

① 外圆面的加工。外圆面是轴类、盘套类零件的主要表面。外圆面的切削加工方法有车削、普通磨削、光整加工、精密加工和旋转电火花加工等。

② 孔的加工。孔也是零件的主要组成表面之一。孔的加工方法有钻、扩、铰、镗、拉、磨、研磨、特种加工等。

③ 平面的加工。平面是基体类零件（如床身、机架及箱体等）的主要表面，也是回转体零件的重要表面之一。平面加工方法有铣、刨、拉、磨、车端面、刮研、研磨等。

④ 成形面加工。成形面如手柄、凸轮、模具型腔、齿轮等。成形面的加工通常采用两种形式：用成形刀具直接加工，刀具刃磨复杂，主切削刃不宜太长；用简单刀具使工件与刀具间产生相对运动进行加工，可采用手动、靠模装置、数控加工等方式实现加工。成形面还可采用特种加工、精密铸造等方法加工。

图 1-23 为常见表面加工方法。

（3）金属切削加工基础知识

金属的切削加工是利用切削刀具从零件毛坯上切除多余的材料，以获得所需要的尺寸精度、形状精度、位置精度及表面粗糙度的一种加工方法。机械零件中大部分都要通过切削加工的方法来保证其加工精度与表面粗糙度。

机械加工是工人操纵机床进行切削加工，主要有车削、铣削、刨削、磨削、钻削等，所用的机床分别是车床、铣床、刨床、磨床、钻床等。

① 切削加工的运动。在金属切削过程中，切削运动分为主运动和进给运动。

a.主运动。主运动是切削时最主要的运动。通常，主运动速度最高，消耗机

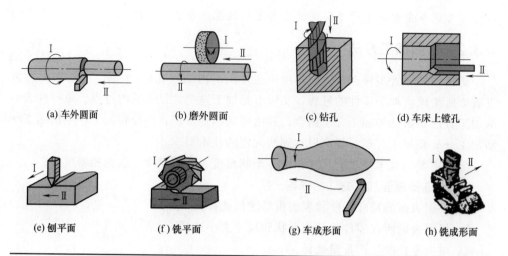

(a) 车外圆面 (b) 磨外圆面 (c) 钻孔 (d) 车床上镗孔

(e) 刨平面 (f) 铣平面 (g) 车成形面 (h) 铣成形面

图 1-23 常见表面加工方法
Ⅰ—主运动；Ⅱ—进给运动

床功率最多。车削时工件的回转、铣削时铣刀的回转、刨削时刨刀的往复直线运动、磨削时砂轮的回转、钻削时钻头的回转均为主运动。

b. 进给运动。进给运动是使新的金属层不断投入切削，以便切除工件表面上全部余量的运动。它速度较低，消耗功率较少。车削时车刀的移动，钻削时钻头的移动，铣削和刨削时工件的移动，磨削外圆时工件的旋转、工件的轴向往复移动、砂轮周期性横向移动均为进给运动。

② 切削用量。切削用量包括切削速度 v_c、进给量 f 和背吃刀量 a_p 三要素。

a. 切削速度 v_c。切削速度是主运动的线速度。当主运动为旋转运动时，切削速度（m/s）计算公式为

$$v_c = \pi dn / 60000$$

式中，d 为刀具或工件的直径，mm；n 为主运动的转速，r/min。

b. 进给量 f。工件或刀具的主运动每转一周或完成一个往复行程时，刀具沿进给运动方向的移动量，称为进给量。

c. 背吃刀量 a_p。背吃刀量是垂直于进给运动方向测量的切削层尺寸。车削外圆时，背吃刀量的计算公式为

$$a_p = (d_w - d_m) / 2$$

式中，d_w 为工件待加工表面直径；d_m 为工件已加工表面直径。

切削运动与切削三要素见图 1-24。

切削运动示例见图 1-25。

③ 刀具材料。刀具在切削过程中，切削力很大，并且刀具与工件、切屑间不断地摩擦，产生很高的切削温度。所以，刀具切削部分的材料应具备良好的耐磨性

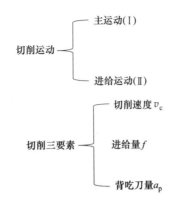

图 1-24 切削运动与切削三要素

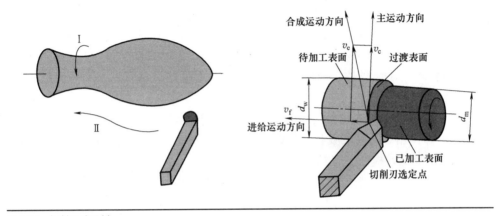

图 1-25 切削运动示例

和红硬性。

刀具材料应具备的性能如下。

a. 高硬度。刀具切削部分材料的硬度必须高于被加工工件材料的硬度。一般刀具材料硬度在 60HRC 以上。

b. 高耐磨性。刀具材料必须具备较好的耐磨性，以承受切削过程中剧烈的摩擦。

c. 足够的强度和韧性。切削时刀具承受切削力、振动和冲击，特别是粗加工和断续切削时，易出现崩刃等现象，故刀具材料要具有足够的强度和韧性。一般，用抗弯强度和冲击韧性表示刀具强度和韧性的高低。

d. 高耐热性和化学稳定性。耐热性用红硬性表示，即刀具在高温下仍保持好的切削性能。红硬性越好，耐热性越好。化学稳定性是指刀具材料在高温下不与工件和周围介质发生氧化、黏结的能力。

e. 良好的工艺性和经济性。工艺性是指可焊接性、热处理性和可磨削性等。刀具材料应具备良好的工艺性，且资源丰富、价格低廉。

常用的刀具材料有优质碳素工具钢、合金工具钢、高速工具钢、硬质合金、陶瓷及超硬刀具材料。

- 碳素工具钢与合金工具钢。主要用于制作手动、低速切削的刀具。主要牌号有 T8A、T10A、T12A 和 9SiCr 等。

- 高速工具钢。分为普通高速钢和高性能高速钢，它的硬度可达 62～65HRC，红硬性达 600℃，其韧性好，制造刃磨方便，适合制造钻头、拉刀等刃形复杂的细长刀具。常用的牌号有 W18Cr4V、W6Mo5Cr4V2 和 W6Mo5Cr4V2Al 等。

- 硬质合金。硬质合金常温硬度达 89～94HRA，红硬性达 800～1000℃，允许切削速度比高速工具钢高几倍。其耐用度高，但工艺性差，适合制造车刀、端铣刀等刃形简单的刀具。常用的硬质合金分为 YG（钨钴）类和 YT（钨钛钴）类。YG 类适合切削铸铁等脆性材料，常用牌号有 YG3、YG6、YG8。牌号中的数字表示 Co 含量的百分数，Co 含量越高，则韧性越大，抗弯强度越高，越耐冲击，故 YG8 适用于粗加工，YG3 适用于精加工。YT 类适合切削钢等塑性材料，常用牌号有 YT5、YT15、YT30。牌号中的数字表示 TiC 含量的百分数，TiC 含量越多，Co 含量越少，则耐磨性、耐热性越好，但韧性越差，故 YT5 适用于粗加工，YT30 适用于精加工。

④ 金属切削加工液（简称切削液）。其主要作用如下。

a. 冷却作用。切削液吸收并带走切削区域的大量切削热，并改善了散热条件，使切削温度降低，提高了刀具寿命。

b. 润滑作用。切削液能渗透到工件、刀具和切屑间的微小间隙中，形成一层很薄的润滑膜，起到润滑作用，提高加工质量。

c. 洗涤和排屑作用。切削过程中注入流量充足的切削液，可将切屑迅速冲走，起到洗涤和排屑作用。

d. 防锈作用。切削液中加入防锈剂，能在金属表面形成保护膜，起到防锈作用。

常用的切削液有水基切削液、乳化液和切削油。水基切削液冷却性能好，同时具有良好的防锈性能和一定的润滑性能。乳化液以冷却作用为主，其比热容大、黏度小、流动性大，利于降低切削温度，提高刀具耐用度。切削油以润滑作用为主，其主要成分是矿物油、植物油、复合油等，它的比热容小、黏度较大、流动性差，利于降低被加工工件表面的粗糙度。实际工作中应根据加工性质、工件材料、刀具材料等合理地选择切削液。一般切削铸铁、黄铜等脆性金属时，切屑是崩碎屑，会堵塞冷却系统和使机床导轨磨损，一般不用切削液，必要时采用黏度较小的煤油或 7%～10% 的乳化液。切削有色金属和铜合金时，可采用煤油或黏度较小切削油为切削液，不宜选用含硫的切削液，以免腐蚀工件。切削镁合金时，不用切削液，以免起火，必要时可用压缩空气冷却和排屑。硬质合金刀具切削时，一般不加切削液，若用切削液，需充分连续浇注在切削区域，避免刀片骤冷而产生裂纹和碎裂。

1.4 液压控制基础

1.4.1 液压传动的概念

液压传动是以液体作为工作介质，利用液体的压力能来传递动力和进行控制的一种传动方式。

1.4.2 液压传动的特点

与机械传动、电气传动等传动相比，液压传动具有结构紧凑、传动力大、定位精确、运动平稳、易于实现自动控制、机件润滑良好、寿命长等优点。其不足之处在于传动效率较低，不宜做远距离传递，不宜于高温或低温条件下工作，以及液压元件精度要求高、成本高等。

1.4.3 液压系统的组成

一个简单而完整的液压系统由以下四个部分组成。

① 动力元件（液压泵）。其作用是向液压系统提供压力油，是系统的动力源。

② 执行元件（液压缸或液压马达）。其作用是在压力油的作用下，完成对外做功。

③ 控制元件。如溢流阀、节流阀、换向阀等，其作用是分别控制系统的压力、流量和流向，以满足执行元件对力、速度和运动方向的要求。

④ 辅助元件。如油箱、油管、管接头、滤油器、蓄能器等。

1.4.4 液压泵

① 作用。将原动机（如电机）输出的机械能转换为液体的压力能。

② 类型。按其流量是否可改变，分为定量液压泵和变量液压泵；按其输油方向能否改变分为单向泵和双向泵；按结构不同，可分为齿轮泵、叶片泵、柱塞泵、螺杆泵和凸轮转子泵等。

1.4.5 液压缸及液压马达

① 作用。将液体的压力能转换为机械能。

② 类型。按运动形式不同，可分为推力液压缸和摆动液压缸；按结构不同，可分为活塞式、柱塞式、伸缩套筒式和组合式。

1.4.6 液压控制阀

① 作用。液压控制阀是液压系统的控制元件，用来控制和调节液流方向、压

力和流量，控制执行元件的运动方向、输出的力或力矩、运动速度、动作顺序，调节液压系统的工作压力，防止过载等。

② 类型。根据用途和工作特点不同，控制阀主要分为三大类，即方向控制阀（单向阀、换向阀等）、压力控制阀（溢流阀、减压阀、顺序阀等）、流量控制阀（节流阀、调速阀等）。

1.4.7 辅助元件

① 蓄能器。其作用是将系统中的压力油储存起来，需要时放出，以补偿泄漏和保持系统压力，并能消除压力脉动以及缓和液压冲击。

② 滤油器。其作用是过滤油液中的杂质，保证系统管路畅通，使系统正常工作。

③ 油箱。其作用是储油、散热和分离油中的杂质及空气。

1.4.8 液压基本回路

液压基本回路是指由液压元件组成，用来完成特定功能的典型回路。常用基本回路按其功能不同，有以下三种：方向控制回路、压力控制回路、流量控制回路。

① 方向控制回路。在液压系统中，执行元件的启动、停止或改变方向是利用控制进入执行元件的液流通、断及改变流向来实现的，实现这些控制的回路称为方向控制回路。它分换向回路与锁紧回路两种。换向回路的功用是使执行元件能改变方向。锁紧回路的功用是切断执行元件的进出油路，使执行元件中的运动件停在规定的位置上并防止其停止后窜动。

② 压力控制回路。在液压系统中，利用压力控制阀来控制系统中油的压力，使系统实现定压、增压、减压、卸载等功能的基本回路称为压力控制回路。常用的有调压回路、增压回路、减压回路和卸载回路。

③ 速度控制回路。是控制和调节液压执行元件的运动速度的基本回路。常用的有调速回路、制动回路、限速回路和同步回路。

1.5 安全基础

1.5.1 安全生产

安全生产是指在生产经营活动中，为了避免造成人员伤害和财产损失的事故而采取相应的事故预防和控制措施，使生产过程在符合规定的条件下进行，以保证从业人员的人身安全与健康、设备和设施免受损坏、环境免遭破坏，保证生产经营活动得以顺利进行的相关活动。

（1）安全生产的重要性

人是企业最大的资产，人的损伤远大于任何一种资产的损失。机器、产品的损坏可以修复，人的损伤是不可逆的。对任何一个造成人员损伤的事件，企业均要按照最重大的事件处理。

（2）企业不安全情形

① 不安全组织形态。有些企业缺乏安全组织及规定。国家规定企业应制定和建立安全相关的组织、制度、规程以及事故报告、例会、公示等机制。企业内应设置专门的组织机构来负责制定、执行及控制安全工作；应设立安全委员会、安全处（科），设置专职的安全人员。

② 不安全环境。

a. 地面及通道有杂物、不干净（图1-26）。

图1-26　不安全环境（一）

b. 紧急出口或消防设施通道堵塞（图1-27）。

图1-27　不安全环境（二）

c. 电器配线混乱、不良（图 1-28）。

图 1-28 不安全环境（三）

d. 操作现场光线昏暗（图 1-29）。

图 1-29 不安全环境（四）

e. 现场地面坑洼不平（图 1-30）。

图 1-30 不安全环境（五）

③ 不安全设备。

a. 机器安全护罩未安装（图 1-31）。

图 1-31 不安全设备（一）

b. 机器安全开关失灵（图 1-32）。

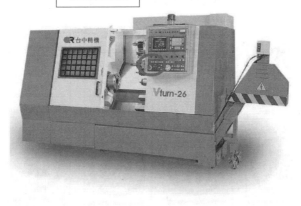

安全开关失灵

图 1-32 不安全设备（二）

（3）现场安全管理的八大方法

① 做好 5S，创造安全的生产环境。

② 维护与改善生产设备。

③ 消除生产现场的不安全行为。

④ 对人员进行教育、培训、演练。

⑤ 预知危险、预防危险。

⑥ 建立安全管理机制。

⑦ 强化管理者的安全生产责任。

⑧ 宣导与树立先进安全管理理念。

（4）生产中的安全标志

① 安全标志定义。安全标志是由安全色、几何图形和以图像为主要特征的图形符号或文字构成的标志，它能醒目而又立体地传递特定的安全信息。

② 安全标志种类。

a. 禁止标志（红色）。禁止人的不安全行为的图形标志。

b. 警告标志（黄色）。提醒人们对周围环境引起注意的图形标志。

c. 指令标志（蓝色）。强制人们必须做出某种动作或采取防范措施的图形标志。

d. 提示标志（绿色）：向人们提供某种信息的图形标志。

禁止人的不安全行为的图形标志如图 1-33 所示。

图 1-33　禁止标志

1.5.2　灭火器的使用

灭火器分为干粉灭火器、泡沫灭火器、二氧化碳灭火器、推车式干粉灭火器等几种。

（1）干粉灭火器（见图 1-34）的使用方法

第一步：把灭火器取下来（用右手托着压把，左手托着底部，轻轻地拿下来）。

第二步：把灭火器上下颠倒 2～3 次，然后拆除铅封，同时把保险销拔掉。

第三步：左手握住灭火器的喷管，右手提着压把，站在距离火焰大概 2m 的地方，压下压把，左右摆动喷管，使喷出的干粉覆盖整个发生火情的区域。

干粉灭火器适用于易燃、可燃的液体或气体引起的火灾，还有一些电器引起的火灾。

图 1-34 干粉灭火器

（2）泡沫灭火器（见图 1-35）的使用方法

第一步：右手托着压把，左手托着底部，取下灭火器。

图 1-35 泡沫灭火器

第二步：提到现场之后，用右手把喷嘴捂住，左手放在筒的底部边缘，让灭火器垂直倒立，晃动灭火器，之后右手把喷嘴放开。

第三步：右手抓住压把，左手扶着筒的底部边缘，站在距离火焰约8m的地方将喷嘴对准火情区域喷射，之后慢慢向前，把火焰喷灭。

火灭之后，灭火器不能竖着放置，要卧着放在地上，并且喷嘴要朝下。泡沫灭火器主要用于油类、木材以及纤维等引起的火灾。

（3）二氧化碳灭火器（见图1-36）的使用方法

第一步：右手握着压把提到火灾现场，拆掉铅封以及保险销。

第二步：站在距离火焰2m的地方，左手拿着喇叭筒，右手按压压把对着火源喷射，之后不断向前推进。

二氧化碳灭火器主要用于易燃、可燃的液体、气体以及图书档案、工艺品、电器等引起的火灾。

图 1-36 二氧化碳灭火器

（4）推车式干粉灭火器（见图1-37）使用方法

推车式干粉灭火器主要是移动方便，操作比较简单，用于易燃液体、可燃气体以及电气设备引起的火灾。

第一步：推车式灭火器一般由两人操作，把灭火器推到现场后，一人取下喷粉枪，展开喷粉胶管，注意喷粉胶管不能对折。

第二步：另一人拆掉铅封，拔除保险销，打开供气阀门。

第三步：对着火焰根部喷射。

图 1-37 推车式干粉灭火器

1.5.3 海因里西法则

最后我们学一下著名的海因里西法则（图 1-38），该法则是美国著名安全工程师海因里西（Herbert William Heinrich）提出的 300∶29∶1 法则。这个法则意为：当一个企业有 300 起隐患或违章，非常可能要发生 29 起轻伤或故障，另外还有一起重伤、死亡事故。即在一件重大的事故背后必有 29 件轻度的事故，还有 300 件潜在的隐患。这个法则告诉我们：小洞不补，大洞吃苦！

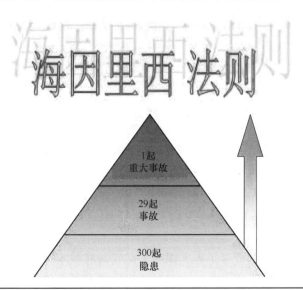

图 1-38 海因里西法则

第2章 智能制造基础

2.1 智能制造的定义

1989 年国外学者首次提出了"智能制造系统"（intelligent manufacturing system）一词，并将智能制造定义为"通过集成知识工程、制造软件系统和机器人控制来对制造技工们的技能和专家知识进行建模，以使智能机器可自主地进行小批量生产"。智能制造的概念强调它是由智能机器和人类专家共同组成的人机一体化智能系统。智能制造系统研究主要解决两个方面的问题：一方面是在制造系统中用机器智能替代人的脑力劳动，使脑力劳动自动化；另一方面是在制造系统中用机器智能替代熟练工人的操作技能，使得制造过程不再依赖于人的"手艺"（或"技艺"），或是在维持自动生产时，不再依赖于人的监视和决策控制，使得制造系统的生产过程可以自主进行。我国的制造强国战略研究报告中认为，智能制造是制造技术与数字技术、智能技术及新一代信息技术的融合，是面向产品全生命周期的具有信息感知、优化决策、执行控制功能的制造系统，旨在高效、优质、柔性、清洁、安全、敏捷地制造产品和服务用户。智能制造的内容包括：制造装备的智能化、设计过程的智能化、加工工艺的优化、管理的信息化和服务的敏捷化/远程化等。工信部发布的《智能制造发展规划（2016—2020 年）》中给出了智能制造的另一个新的表述——智能制造是基于新一代信息通信技术与先进制造技术深度融合，贯穿于设计、生产、管理、服务等制造活动的各个环节，具有自感知、自学习、自决策、自执行、自适应等功能的新型生产方式。

2.2 智能制造的学习方法

在人文社科类学生中开设工程类课程，是我国有些本科院校早就在进行的，有些学校为非机类学生开设了"金工实习"课程，或开了一些工程类选修课。但这些课程都归属于工科院系，训练载体是工科"金工实习"的缩小版，因人文社科类学生无工程基础，训练时间短，训练范围广（传统的机电基础都要学），动手时间很短，训练效果不尽如人意，且现代社会非常重要的智能制造及机电一体化素养训练方面几乎是空白。要培养人文社科类学生的工程素养必须紧跟时代步伐。为提高学生的学习兴趣，我们以几乎人人都有的手机为切入点，利用物联网技术，构筑了一套提高人文社科类学生智能制造与机电一体化工程素养的训练方法：手机网络学习、现场认知学习、虚拟仿真学习、系统搭建学习。

2.3 智能制造的训练过程

2.3.1 手机网络学习

① 在手机上下载"爱课程"APP（打开后的"爱课程"APP见图2-1）。

图 2-1 "爱课程" APP

② 点击"爱课程"APP 右下角的个人中心，出来如下界面（图 2-2）。

图 2-2 "爱课程" APP 个人中心

③ 点击 APP 上方"登录爱课程"图标，出来登录界面（图 2-3）。

图 2-3 "爱课程" APP 登录

④ 点击 APP 下方"注册"二字，出来注册界面（图 2-4）。

图 2-4 "爱课程" APP 注册界面

⑤ 根据提示注册成功，回到图 2-3 界面，即可登录（图 2-5）。

图 2-5 "爱课程" APP 登录后界面

⑥ 登录后搜索课程，点击左侧"已加入，开始学习"图标，即可进入手机网络学习（图 2-6）。

图 2-6　手机网络学习

2.3.2　现场认知学习

（1）认识普通加工设备

图 2-7 是最常见的卧式车床，主要用来加工圆形零件。

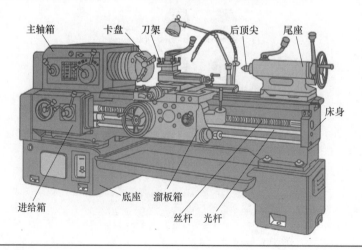

图 2-7　卧式车床

图 2-8 是立式铣床，加工过程如同制作刀削面，用旋转的铣刀把钢材刮下来。

图 2-8 立式铣床

（2）认识数控加工设备

图 2-9 是常见的数控车床，是在普通车床的基础上，装有 CNC（computer numerical control，即计算机数字化控制）装置的自动加工车床，能根据程序自动加工出零件。

图 2-9 数控车床

同样，在普通铣床的基础上，装上 CNC 装置即为数控铣床（图 2-10）。

图 2-10 数控铣床

　　我们常说的加工中心就是可以自动换刀的数控车（铣）床（图 2-11）。加工中心用的刀具都比较特殊。

图 2-11 加工中心及刀具

（3）认识智能制造设备

智能制造设备指具有感知、分析、推理、决策、控制功能的制造设备，以数控设备为基础。下面来认识学校里的智能制造设备。

图 2-12 所示为自动加工流水线。

图 2-12 自动加工流水线

图 2-13 所示为流水线中的五轴加工中心（最高转速 20000r/min）。

图 2-13 五轴加工中心

图 2-14 所示为流水线中的高速加工中心（最高转速可达 42000r/min）。

图 2-14 高速加工中心

图 2-15 所示为流水线中的慢走丝线切割机床。

图 2-15 慢走丝线切割机床

图 2-16 所示为流水线中的电火花机床。

图 2-16 电火花机床

图 2-17 所示为流水线中的三坐标测量机。

图 2-17 三坐标测量机

图 2-18 所示为流水线中的工业机器人，主要负责产品的搬运。

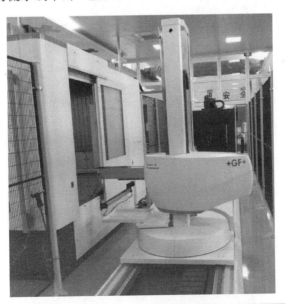

图 2-18 工业机器人

图 2-19 所示为流水线中的清洗机，主要负责清洗加工后的产品。

图 2-20 所示为流水线中的中转站，主要用来放取毛坯和产品。

图 2-19　清洗机

图 2-20　中转站

图 2-21 所示为流水线制造的部分产品。

图 2-21 部分产品

2.3.3　虚拟仿真学习

① 登录国家虚拟仿真实验教学课程共享平台。

② 点击左上角"实验中心",会出现 11 个大类及大类下面的细分学科。

③ 点击选择工学大类下的"机械类",出现的页面上有 9 个机械下的小类和课程级别、类型,实验类型等选项,同时页面中也有推荐的热门实验。

④ 点击选择"智能制造工程",出来两个相应课程。

⑤ 点击选择课程,即可进入课程界面。

⑥ 点击页面上的"我要做实验"按钮,系统会提示我们进行登录。

⑦ 输入账号密码,登录后即可进行虚拟仿真学习。

2.3.4　系统搭建学习

采用物联网的方法进行系统搭建。"物联网"是新一代信息技术的重要组成部分,也是"信息化"时代的重要发展阶段,物联网就是物物相连的互联网(图 2-22)。利用物联网,我们可以把智能制造中的编程、加工、电气、传感器、网络、通信串为一体,真正做到机电一体化,大大扩展传统工程素养训练课程的范围。此处利用手机控机系统进行手机模拟智能制造学习。

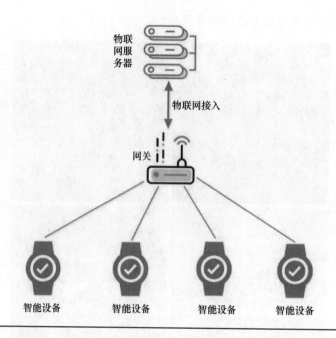

图 2-22　物联网

（1）手机模拟学习系统组成

　　从现有数控系统的开关端引出两根线，接上远程通信模块及现场控制执行机构，再在手机上做一个 APP 即可工作。其控制原理见图 2-23，实物见图 2-24。

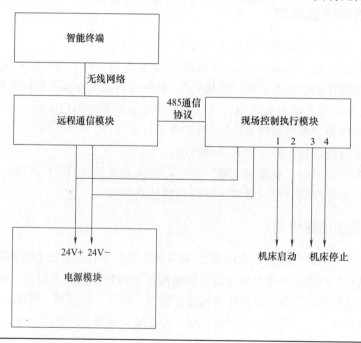

图 2-23　手机模拟学习系统控制原理图

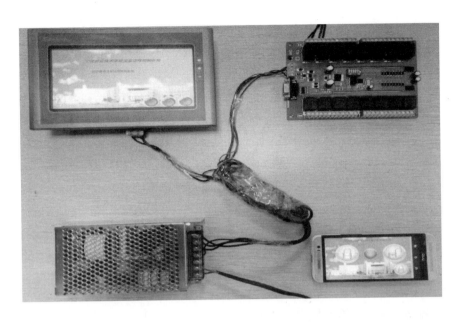

图 2-24　手机模拟学习系统实物

（2）手机模拟学习系统功能

① 可用手机对机床进行远程开、停机控制（图 2-25）。

图 2-25 远程开、停机控制

② 可远程实时观察机床操作状况（图 2-26）。

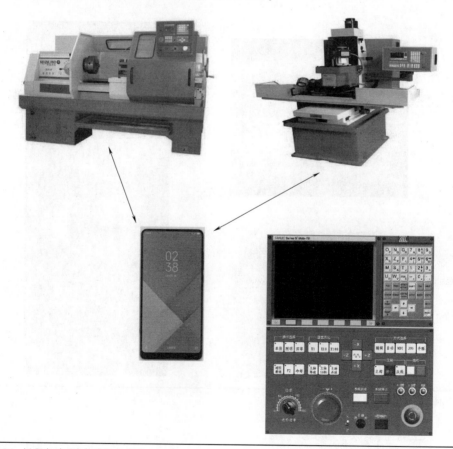

图 2-26 远程实时观察机床操作状况

③ 可远程实时采集机床数据（图 2-27）。

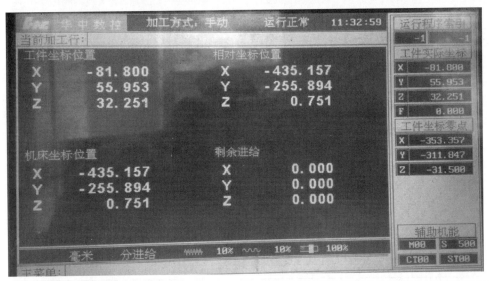

图 2-27　远程实时采集机床数据

第3章 钳工制作基础

钳工主要使用各种手动工具和机械设备进行零部件加工以及机器的装配、调试、维修和检测等工作。钳工是复杂、细致、工艺技术要求高、实践能力强的工种，在机械制造业中起着十分重要的作用，事实上钳工是机械产品质量的最后负责者。钳工主要有下列基本工作内容：划线、锯割、锉削、钻孔、攻螺纹、套螺纹、刮削、研磨、装配、拆卸和维修等。钳工是机械加工业中历史悠久、充满活力、不可缺少的重要工种之一。随着工业生产技术的发展与科学技术的进步，要求钳工掌握的技术知识与实践技能也越来越多。

3.1 基本知识

3.1.1 钳工的工作场地和主要装备

钳工的工作场地内常用装备有钳工台、台虎钳、砂轮机、台式钻床、摇臂钻床等。台虎钳见图 3-1。

图 3-1 台虎钳

砂轮机用来刃磨钻头、錾子、刮刀、样冲和划针等工具，也可用来磨去工件或材料上的毛刺、锐边等（图 3-2）。

图 3-2　砂轮机

台式钻床是一种小型钻床，用来钻 13mm 以下的孔（图 3-3）。

图 3-3　台式钻床

13mm 以上的大孔要用到大的摇臂钻床（图 3-4）。

图 3-4　摇臂钻床

3.1.2 钳工的主要量具

（1）钢直尺和卡钳

钢直尺可用来直接测量工件尺寸，测量精度为 0.5mm。工件上不能直接测量的尺寸，可用卡钳测量，然后测量卡钳两脚间的距离。卡钳有外卡钳和内卡钳两种，分别用来测量外径和内径（图 3-5）。

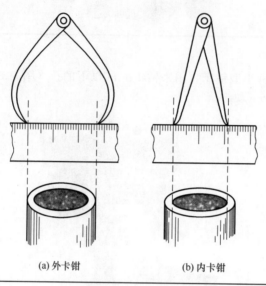

(a) 外卡钳　　　　　　　　(b) 内卡钳

图 3-5 卡钳量取尺寸的方法

（2）游标卡尺

游标卡尺上有主尺、副尺（图 3-6）。以准确度 0.05mm 的游标卡尺为例，主尺上的 19 格长度等于副尺上 20 格长度，即当两测量爪合并时，主尺上 19mm 刚好等于副尺上的 20 格，副尺每格宽度为 0.95mm，主尺与副尺每格相差 0.05mm（1mm－0.95mm）。若游标卡尺两卡脚刚好闭合，主、副尺的零线是重合的。当两卡脚分开时，根据副尺零线左边的主尺上最近读数读出整数（mm），然后根据副尺上与主尺上刻度线对准的刻度线乘上 0.05mm 读出小数，将两部分尺寸加起来即为总尺寸（图 3-7）。游标卡尺仅用于测量已加工过的光洁表面。

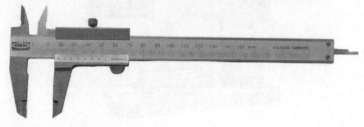

图 3-6 游标卡尺

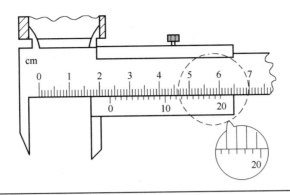

图 3-7 游标卡尺的读数方法

图 3-7 所示为一把精度为 0.05mm 的游标卡尺。测量时，首先看副尺 0 的位置，它决定了头两个数位，图 3-7 中副尺上的 0 在 23mm 的后面，即被测内径为 23.××mm；然后看副尺上与主尺上刻度线对准的刻度线，此处为 17 格，17 乘上 0.05mm 即为 0.85mm，所以被测内径为 23.85mm。

3.2 基本操作

3.2.1 基本要求

① 正确使用钳工常用的工具和量具。

② 初步掌握钳工的主要工作如划线、锯割、锉削、钻孔、铰孔、锪孔、刮削、攻螺纹、套螺纹等。

3.2.2 划线

根据图纸要求，在毛坯或半成品上划出加工界限的一种操作叫作划线。划线是切削加工工艺过程的重要工序，划线不仅使加工有明确的界线，而且通过划线可以检查毛坯的形状和尺寸是否合乎要求，避免不合格的毛坯投入机械加工而造成浪费；通过划线可使加工余量合理分配（又称借料），以减少废品和少出废品。

（1）划线工具

① 平板（图 3-8）。平板是用来检验或划线的平面基准器具。划线平板由铸铁制成，工作面平整光洁。使用平板时，要注意平稳放置，保持水平，以便稳定地支承工件；使用部位要均匀，以免局部磨损；要防止碰撞和锤击，长期不用时要涂油防锈。

② V 形铁（图 3-9）。V 形铁是在平板上用来支承工件的工具。工件的圆柱面用 V 形铁支承，使其轴线与平板平行。

图 3-8 平板

图 3-9 V形铁

③ 90°角尺（图 3-10）。90°角尺两边之间呈精确的直角，用来找正垂直面，还可以划垂直线和直线。

图 3-10 90°角尺

④ 划针及划针盘（图 3-11）。划针是在工件上划线的工具，用高速工具钢制成，尖端淬硬；也有焊硬质合金针尖的，更锐利，耐磨性更好。划针盘是带有划针的可调划线工具。划针要依靠直尺等导向工具移动，使用时，需向外倾斜 15°～20°，并向划线方向倾斜 45°～75°。

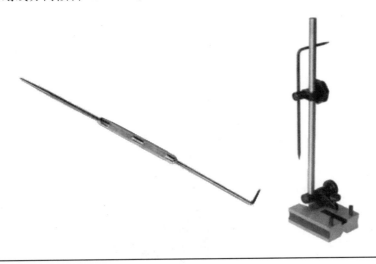

图 3-11 划针及划针盘

⑤ 划规（图 3-12）。划规用于划圆、量取尺寸和等分线段。

图 3-12 划规

⑥ 高度游标卡尺（图 3-13）。高度游标卡尺是精密工具，既可测量高度，又可对半成品划线，但不能对毛坯划线，以防损坏硬质合金划线脚。

⑦ 样冲（图 3-14）。样冲是用来在工件上打出样冲眼的工具。样冲用工具钢制造，尖端应淬硬。划好的线段和钻孔前的圆心都需打样冲眼，便于钻头定位并可防止擦去所划线段。

图 3-13　高度游标卡尺

图 3-14　样冲

⑧ 其他支持工具有划线方箱、角铁、斜铁等。

（2）划线前的准备工作

① 技术准备。划线前，必须仔细分析零件图的技术要求和工艺过程，合理地确定划线基准线、基准面，划线位置的分布，划线的步骤和方法。

② 清理工件。铸件的浇冒口、粘砂，锻件的飞边、氧化皮，已加工件的锐边、毛刺等都要去掉。

③ 涂色。工件上需要划线的部位应涂色。铸、锻件毛坯涂石灰水或抹粉笔灰；光坯上一般涂薄的蓝油（2％～4％龙胆紫、3％～5％虫胶漆、91％～95％酒精配制而成），以保证划线清晰。

④ 找孔心。对空心孔，可在毛坯孔中填塞钉上铜皮的木块或铅块，以便用圆规划圆。

（3）划线步骤

① 找正和借料。利用工具使工件的有关表面处于合适的位置。确定工件是否

有合格的加工余量。

② 划出基准线、加工时找正用的辅助线。一般可选零件制造上较重要的几何要素，如主要孔的中心或平面等为划线基准，并力求划线基准与零件的设计基准保持一致。

③ 先划直线，再划圆和圆弧连接线，并检查所划线是否正确。划线尽可能一次划成，划出的每一根线应正确、清晰，不要划错。

④ 打上样冲眼。样冲眼间的距离以划线的形状和长短而定，直线处稀，曲线处密，转折交叉点必须打样冲眼，中心处的样冲眼要打得大一点。

3.2.3 锯削

用锯条对工件进行分割和锯槽的操作称为锯削。锯削是钳工的基本操作之一。工件坯料或半成品的分割、钳工加工过程中多余料头的去除以及在工件上开槽、线形状的修整等加工，都需应用锯削操作。

（1）锯削工具及其选用

锯削的主要工具是手锯，手锯由锯弓和锯条两部分组成（图3-15）。

图 3-15 锯弓与锯条

① 锯弓。锯弓有固定式和可调式两种，可调式锯弓的弓架分前后两段，由于前段在后段套内可以伸缩，因此可以夹几种长度规格的锯条。根据切削方向，锯条通常向前推移时进行切削，因此锯齿刃口应向前，将夹头上的销子插入锯条孔后，旋紧翼形螺母，就可把锯条拉紧。

② 锯条。锯条由碳素工具钢或合金钢制成，热处理后其切削部分硬度在62HRC以上；两端装夹部分硬度低，韧性较好，装夹时不致卡裂。锯条规格以其两端安装孔间距表示，常用规格为300mm（长）×12mm（宽）×0.8mm（厚）的锯条。切削部分均匀排列着锯齿，锯齿的粗细以锯条上每25mm长度内锯齿的数目来表示，常用的有14、18、24、32等。齿数越多，锯齿越细。锯条制造时，锯齿按一定形状左右错开排列，称为锯路。锯路的作用是使锯缝宽度大于锯条背部厚度，以防止锯削时锯条卡在锯缝内，减少锯条与锯缝的摩擦阻力，并使排屑顺利，锯削省力，提高工作效

率。锯齿的粗细应根据加工材料的硬度、厚薄来选择。锯削软材料或厚工件时，因锯屑较多，要求有较大的存屑空间，应选用粗齿锯条；锯削硬材料或薄工件时，因材料硬，锯齿不易切入，锯屑量少，不需要大的存屑空间，应选用中齿或细齿锯条。另外，薄的工件在锯削时锯齿易被工件勾住而崩裂，一般至少要有三个齿同时接触工件，使锯齿承受的力减少，因此应选用细齿锯条（表3-1）。

表 3-1 锯齿粗细及用途

锯齿粗细	每25mm齿数	用途
粗	14～18	适于锯软钢、铝、紫铜、人造胶质材料
中	22～24	一般适用于锯中等硬性钢、硬性轻合金、黄铜、厚壁管子
细	32	适于锯板材、薄壁管子等
从细变为中齿	从32变为20	易起锯

（2）锯削步骤

① 锯削前的准备工作。锯削前应选择好锯条和夹持方式，长的锯缝应事先划线。工件上要留有足够余量，以利后道工序加工。工件夹持要稳固，夹紧力要适度，锯割线不应离钳口过远，已加工面上须衬软金属垫，不可直接夹在钳口上。

② 起锯。起锯是锯削的开始，起锯有远起锯和近起锯两种，一般情况下，采用远起锯较好。为了使起锯的位置准确，可用左手拇指挡住锯条来定位。起锯角度适当小些，起锯行程要短，施压要轻，切出锯口后，逐渐使锯条呈水平往复运动（图3-16）。

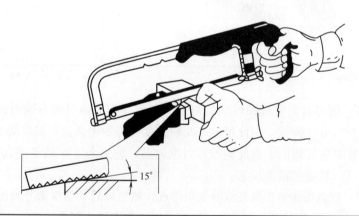

15°

图 3-16 起锯

③ 锯削姿势。锯削时右手握锯柄，锯削的推力和压力均由右手发出，左手只是扶着锯弓前进。锯条前进时加压要均匀，返回时锯条从工件上轻轻滑过。锯削时尽量使用锯条全长（至少占全长的3/4）。锯削时锯弓前进的方式有两种：直线运动，一般用于锯槽；弧线运动，操作自然，可减轻疲劳，一般用于切断。但两种方

法回程均不应施压。锯削过程中要经常检查锯条是否偏离预定的锯缝。

④ 锯削速度。锯削速度以每分钟 20～40 次为宜，尽可能以锯条全长进行锯削，锯削速度不宜过快，必要时可以加水或油进行润滑和冷却。

⑤ 锯断。锯断时施压要轻，以免伤手和折断锯条。锯削复杂型材时可分别锯型材的各边。锯管件时应转动管子，以免同时锯材料的两边。锯削锯缝较长的工件，为避免锯弓碰撞工件，可将锯条转过 90°安装后沿原有锯路锯削。锯削薄板时可用木板夹持，以防变形和振动。

3.2.4　锉削

锉削是用锉刀对工件表面进行修整切削加工的方法。锉削可以加工各种形状的工件内外表面，如平面、曲面、内外圆弧面和沟槽以及各种复杂的特殊形状的表面。锉削能加工出较高精度的形状、尺寸和表面光洁度，常用于样板、模具制造和机器的装配、调整和维修。在现代生产条件下，仍有一些不便于机械加工的场合需要用锉削来完成。锉削技能的高低是衡量一个钳工技术水平的重要指标。

（1）锉刀

锉刀是由锉刀面、锉刀边、锉柄等组成。齿纹交叉排列，形成刀齿和存屑槽。锉刀的齿纹多制成双纹，以利于锉削时铁屑碎断，锉面不易堵塞，锉削时省力。

锉刀的规格已标准化（GB 5803—86～GB 5815—86），基本可分为普通锉、整形锉（什锦锉）和特种锉三大类；按锉刀截面形状，锉刀可分为平锉（板锉）、半圆锉、方锉、角锉和圆锉等；按锉刀齿纹粗细，可分为粗齿、中齿、细齿和油光锉等。锉刀的大小以工作部分的长度表示，常用的有 100mm、150mm、200mm、250mm、300mm 等规格。整形锉（什锦锉）主要用于精细加工及修整工件上难以机加工的细小部位。它由若干把各种截面形状的锉刀组成一套（图 3-17）。

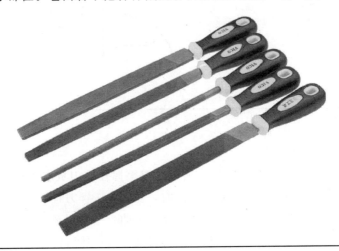

图 3-17　锉刀

锉刀常用 T12、T12A 和 T13A 等高速工具钢制造，热处理后的硬度值可达62HRC，耐磨性好，但韧性差，红硬性低，性脆易折，锉削速度过快时易钝化。因此使用锉刀时要规范，以免断裂。

选用锉刀时，首先应根据加工面的形状和大小选择锉刀的截面形状和规格，然后根据工件材料的性质、加工余量大小、加工精度和表面粗糙度的要求选用锉刀的粗细。粗加工和锉削软金属（铜、铝等）时，选用粗锉刀；半精加工钢、铸铁等工件时，选用细锉刀；修光工件表面时，选用油光锉。

（2）工件的装夹

应先把工件表面的硬皮或砂粒用砂轮除去。工件要尽量夹在台虎钳钳口的中间，不要伸出太远，以免锉削时变形和剧烈振动。装夹要牢固，但不能使工件变形。装夹已加工面时在钳口要衬较软的材料，以免夹坏表面。

（3）锉刀的握法

右手紧握锉刀柄，柄端抵在拇指根部的手掌上，拇指放在锉柄上部，其余手指由下而上握着锉刀柄，左手拇指的根部肌肉压在锉刀头上，拇指自然伸直，其余四指弯向手心，用中指、无名指握住锉刀前端。右手推动锉刀，并决定推动方向，左手协同右手使锉刀保持平衡（图 3-18）。

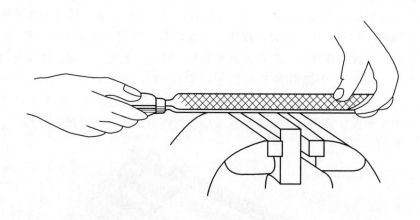

图 3-18 锉刀的握法

（4）锉削姿势和动作

锉削时站立姿势和动作如图 3-19 所示，双手握住锉刀放在工件上面，左臂弯曲，小臂与锉削面平行，但要自然。锉削时，身体先于锉刀且与之一起前进，右脚伸直且身体重心稍微前倾，重心在左脚，左腿微曲。当锉削至 3/4 行程时，身体停止前进，双臂继续用力前推，到头后，左腿自然伸直，然后将身体重心后移，恢复起始姿势，并顺势将锉刀收回，开始第二次锉削。

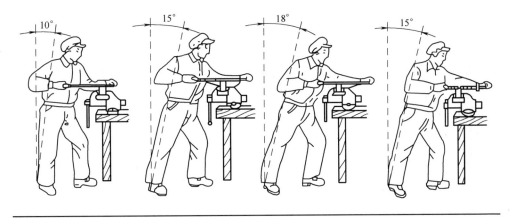

图 3-19 锉削动作

（5）主要锉削方法

① 平面锉削。锉削平面时保持锉刀的平直运动是锉削的关键。锉削力有水平推力和垂直压力两种。推力主要由右手控制，压力由两手控制，使锉齿深入金属表面。由于锉刀两端伸出工件的长度随时都在变化，因此两手的压力大小必须随着变化，使两手压力对工件中心的力矩相等，这是保证锉刀平直运动的关键（图 3-20）。

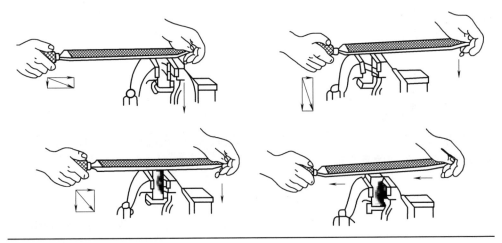

图 3-20 锉平面时的施力图

平面锉削有顺向锉、交叉锉、推锉等几种锉法（图 3-21），一般粗锉，采用交叉锉法，将加工表面基本锉平；随后，用顺向锉法锉削，锉刀始终沿着一个方向往返运动，继续将平面锉平、锉光；最后，用推锉法，对所留加工余量已很小的平面进行修正尺寸和进一步改善表面粗糙度。推锉法尤其对狭窄的表面较适用。

② 圆弧面锉削。

a. 凸圆弧面一般采用顺向滚锉法，将锉刀顺着圆弧面边前推边绕圆弧中心摆

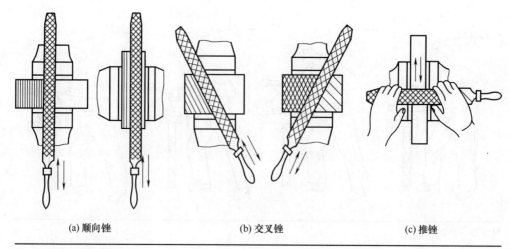

| (a) 顺向锉 | (b) 交叉锉 | (c) 推锉 |

图 3-21 平面锉削方法

动。此方法技术要求高，效率低，适用于精锉。加工余量大时，也可先对着圆弧面将工件粗锉成多棱形，再用滚锉法精锉。

b. 凹圆弧面一般用圆锉刀或半圆锉刀沿着圆弧母线锉削，同时绕圆弧中心和锉刀自身轴线旋转。凹圆弧面的锉削技术要求高，只有两个运动正确组合才能锉出所需表面。

（6）锉削注意点

加工过程中切勿用手摸切削表面或锉刀工作面，以免表面或工作面被污染后打滑；锉屑应用刷子刷去，不可口吹；锉齿上的锉屑要用钢丝刷顺着锉纹方向刷去。锉刀材质硬脆，应防止掉落而断裂。

（7）锉削质量检验

锉削后的表面，按光隙法用刀口尺、钢直尺和 90°角尺检验各平面纵、横向的直线度和各平面间的垂直度。

3.2.5 錾削

錾削是用手锤锤击錾子对金属进行切削加工的操作。其作用就是錾掉或錾断金属，使其达到所要求的形状和尺寸。錾削可加工平面、沟槽，切断金属及清理铸、锻件上毛刺等。每次錾削金属层的厚度为 0.5～2mm。

（1）錾子和手锤

常用的錾子有扁錾（又称平口錾）和槽錾（又称窄錾），如图 3-22 所示。扁錾用于錾平面和錾断金属，其刃宽一般为 10～15mm；槽錾用于錾槽，其刃宽约为 5mm。錾子的全长为 125～170mm。錾子多为八棱碳素工具钢锻成，刃部经淬火和回火处理。錾刃楔角因所加工金属材料不同而异，錾削铸铁时为 70°，錾削钢时为 60°，錾削铜、铝时小于等于 60°。

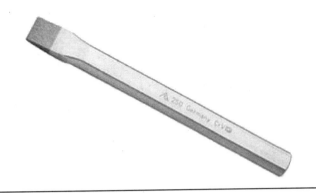

图 3-22　錾子

錾削用手锤的大小用锤头的重量表示，常用的约 0.5kg，手锤的全长约为 300mm。锤头多用碳素工具钢锻成，并经淬火和回火处理。

（2）錾子和手锤的握法

錾子应松动自如地握着，常用的握法有两种：正握法和反握法（图 3-23）。正握法适用于在平面上进行錾削；反握法适用于錾削小平面或侧面。

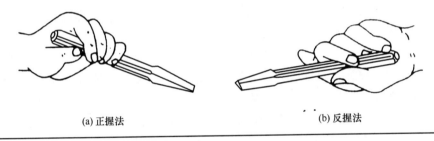

(a) 正握法　　　　　　　　　　　　　　(b) 反握法

图 3-23　錾子的握法

手锤主要靠拇指和食指握紧，其余各手指仅在锤击下时才握紧。手锤柄部只能伸出 15～30mm。錾削时，操作者的步位和姿势应便于用力，身体重心偏于右腿。挥锤要自然，眼睛应正视錾刃，而不是錾子的头部。

（3）錾削工艺

起錾时，錾子尽可能向右倾斜 45°左右，从工件尖角处向下倾斜 30°，轻打錾子，这样容易切入材料。然后，按正常的錾削角度，逐步向中间錾削。当錾削到距工件尽头约 10mm 时，应调转錾子来錾掉工件余下的部分。这样，可以避免单向錾削到终了时边角崩裂，保证錾削质量，在錾削脆性材料时尤其应该注意。錾削过程中每分钟锤击次数应在 40 次左右。刃口不要总是顶住工件，每錾 2～3 次后，可将錾子退回一些，这样既可观察錾削刃口的平整度，又可使手臂肌肉放松一下，效果较好。

3.2.6　钻孔、扩孔、铰孔和锪孔

各种零件上孔的加工，除一部分由车床、铣床等机床完成外，很大一部分是钳

工利用各种钻床和工具来完成的。钳工加工孔的方法一般指的是钻孔、扩孔、锪孔和铰孔。

（1）钻孔

钻孔是用钻头在工件实体材料上加工出孔的加工方法。钻削条件比外围面的加工条件差，刀具受孔径的限制，只能使用定值刀具。钻头加工时排屑困难、散热慢、切削液不易进入切削区、钻头易钝化，所以钻孔的公差等级较低，为 IT9～IT12 级，表面粗糙度 $Ra=12.5\sim50\mu m$。钻削设备主要有电钻、台式钻床、立式钻床、摇臂钻床等。

① 钻头基本知识。钻头是钻孔用的主要刀具，常用标准麻花钻（图 3-24），它由高速工具钢制造，其结构可分为柄部、颈部和工作部分，经热处理后其工作部分硬度达 62HRC。

a. 柄部。柄部是钻头的夹持部分，用来传递钻孔所需的扭矩和轴向力，有直柄和锥柄两种。直柄所能传递的扭矩较小，所以直径 13mm 以下钻头用直柄，直径 13mm 以上的钻头一般是锥柄。其锥度为国际通用的莫氏锥度，按大小可分为 1、2、3、4、5、6 等六种，锥柄尾部为扁尾。

b. 颈部。颈部是刀体和刀柄的连接部分。为方便磨削，颈部设有退刀槽，并刻有钻头的直径、材料、厂家等标记。

c. 工作部分。工作部分包括切削和导向两部分。导向部分有两条螺旋槽和两条螺旋形棱边，螺旋槽起排屑和注入切削液的作用；螺旋形棱边起导向和修光作用，并控制所加工孔的形位误差，保持钻头直线进给。钻头的前端为切削部分，它由两个前刀面、两个后刀面、两个主切削刃等组成，前、后刀面的相贯线为主切削刃（呈直线形）；两后刀面在钻心处相贯形成横刃，近似直线形。

图 3-24 标准麻花钻

② 钻削步骤。

a. 钻头的装夹。直径 13mm 以下的直柄钻头先装夹在钻夹头内（图 3-25），用夹紧钥匙夹紧，再插入钻床主轴锥孔内。12mm 以上的莫氏锥柄钻头，根据钻床主轴锥孔的锥度，可直接装上钻床或加接钻套后装上钻床。带动钻头旋转的动力均由锥间的摩擦力传递。

图 3-25 钻夹头与夹紧钥匙

b. 装夹工件。除了大型、笨重的工件，一般应按工件的大小、形状、钻孔直径和数量，选用适当的夹持方法和夹具，常用的夹具有手虎钳、平口钳、压板、V形铁等。如钻通孔，工件相应位置要架空或垫木块。

c. 调整钻削速度和进给量。

$$切削速度\ v_c = (\pi D n)/(1000 \times 60)\quad (m/s)$$

式中，n 为钻头转速，r/min；D 为钻头直径，mm。

进给量 f（mm/r）为钻头每转一周，沿轴向移动的距离（即钻头相对工件的移动距离）。由于钻头有两个主切削刃参加切削，其每个主切削刃的进给量 $f_z = f/2$。背吃刀量 a_p（mm）数值上等于钻头半径，则 $a_p = D/2$。钻硬材料和大孔，切削速度要小；钻小孔时，切削速度要快些。钻大于 30mm 的孔，可分两次钻，先钻 0.6~0.8 倍孔径的小孔，再按要求钻孔。钻削技术已经比较成熟，积累了大量的数据，钻削前可以查有关钻削用量表，根据表中数据确定钻削速度和进给量。

d. 试钻。钻削前要划线，钻孔前先在孔的中心锪一小窝，检查小窝位置是否正确，如有偏离，可用样冲将中心冲大或直接移动工件矫正。

e. 进给。钻前应做好深度标记。钻盲孔时要掌握进给深度；钻通孔时当孔将要钻通时，应减慢进给量，以免卡钻，甚至折断钻头；钻深孔时，要经常退出钻头及时排屑和冷却。钻削时切削条件差，刀具不易散热，排屑不畅，故需加注切削液进行冷却和润滑减摩。钻削钢材时为降低粗糙度可用机油作为切削液，为提高生产效率可用乳化液作为切削液；钻削铸铁时用煤油作为切削液；钻削铝材时一般用乳化液作为切削液。

（2）扩孔

扩孔避免了横刃影响，切削条件大为改善，因此较大的孔一般分两次或几次加工。扩孔既可用专用的扩孔钻也可用普通麻花钻。扩孔钻结构与麻花钻相似，没有横刃，扩孔钻的钻心增大，刚度好，刀齿较多，有3～4齿，导向性好，切削平稳，可采用较大的切削用量。故扩孔的加工质量和生产效率都高于钻孔。扩孔公差等级可达IT7～IT9级，表面粗糙度 $Ra = 3.2 \sim 12.5 \mu m$。用麻花钻扩孔，扩孔前的钻孔直径为孔径的 $1/2 \sim 7/10$；用扩孔钻扩孔，扩孔前的钻孔直径为孔径的 $9/10$。扩孔的切削速度约为钻孔的 $1/2$，进给量为钻孔的 $1.5 \sim 2$ 倍。

（3）锪孔

锪孔指在原有孔基础上加工沉孔、锥形孔或凸台。锪孔用锪钻或改制的钻头（图3-26）。

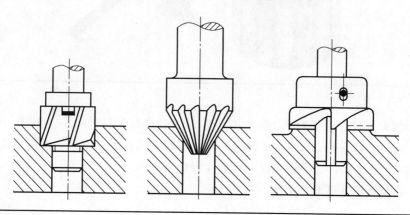

图 3-26 锪钻与锪孔

（4）铰孔

铰孔是用铰刀从孔壁切除微量金属，以提高孔的尺寸精度和表面质量的加工方法。铰孔的公差等级可达IT6～IT9级，表面粗糙度 $Ra = 0.8 \sim 3.2 \mu m$。

铰刀按其外形可分为圆柱铰刀、活络铰刀、螺旋铰刀、锥铰刀。普通的圆柱铰刀可分机用和手用两种。铰刀工作部分的前端做出前导锥，便于引入工件；切削部分起主要切削作用；校准部分用以修光和校准孔，且起导向作用。手用铰刀的切削部分和前导部分均比机用铰刀长，因此比较省力。铰刀校准部分磨有倒锥，可减小与孔壁摩擦，防止孔径扩大（图3-27）。

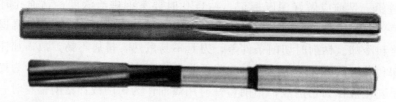

图 3-27 铰刀

铰孔注意点如下。

① 正确地装夹工件，一般手铰时，孔应处于垂直或水平位置，机铰时，孔的

轴线与铰刀的轴线要一致。

② 合理选择铰削用量，铰削用量包括铰削余量、切削速度（机铰时）和进给量。铰孔是精密加工，余量不可太大，否则孔的形位公差得不到保证，表面质量下降；余量太小，则上道工序残留的刀痕和变形不能消除。对于切削速度和进给量，机铰时，以标准高速工具钢铰刀加工铸铁为例：切削速度＜10m/min，进给量约 0.08mm。

③ 手铰时，两手用力要平衡，旋转速度要均匀，不得左右摇摆。要变换每次铰刀停歇的位置，以消除刀痕。

④ 铰刀不能反转，退出时也要顺转，否则，切屑会扎在后刀面和孔壁之间，将孔壁刮毛。机铰时要等铰刀完全退出再停车。

⑤ 无论是机铰还是手铰，均应润滑。用高速工具钢铰刀加工钢件时，用乳化液或极压切削油；加工铸铁件时，用清洗性、渗透性较好的煤油为宜。

⑥ 铰通孔时铰刀的校准部分不准出头，否则退出困难。

3.2.7 攻螺纹和套螺纹

（1）攻螺纹

攻螺纹是用丝锥在工件上加工内螺纹的方法。国家标准规定的普通螺纹内螺纹有五个公差等级（4、5、6、7、8 级），其中 4 级公差值最小，精度最高。用丝锥加工内螺纹能达到国标规定的各级精度，表面粗糙度可达 1.6μm 左右。

攻螺纹是钳工的基本操作，凡是小直径螺纹、单件、小批生产或结构上不宜采用机攻螺纹的，大多采用手攻。

攻内螺纹的刀具称为丝锥，有粗牙和细牙、左旋和右旋、手用和机用之分。丝锥由工作部分和柄部组成，其工作部分又分为切削部分和校准部分。手用丝锥是用碳素工具钢或合金工具钢经滚牙（或切牙）、淬火、回火制成的。丝锥的前端为切削部分，起主要的切削作用；中间修正部分起修光和引导丝锥作用；另一端为方头，用以装夹铰杠。工作部分有 3～4 条轴向容屑槽，可容纳切屑，并形成刀刃和前角，一般为直线分布，也有制成螺旋形的，以利于排屑和控制排屑方向。校准部分的齿形完整，可校正已切出的螺纹。

通常 M6～M24 规格的手用丝锥由两支组成一套，分别称为头锥和二锥。两支丝锥的区别在于切削部分的锥度大小不同。M6 以下和 M24 以上丝锥的一套有三支。这是因为小丝锥强度差，易折断，所以备三支；大丝锥切削的金属量多，所以用三个不等径的丝锥逐渐切削（图 3-28）。

用丝锥攻螺纹一定要用铰杠。铰杠可分为固定铰杠和活动铰杠，一般 M5 以下的螺纹采用固定铰杠（图 3-29）。

① 攻螺纹前准备工作。攻螺纹前，先检查工件上底孔直径和孔口倒角。底孔直径必须大于螺纹小径，具体可根据下列公式计算或查表。

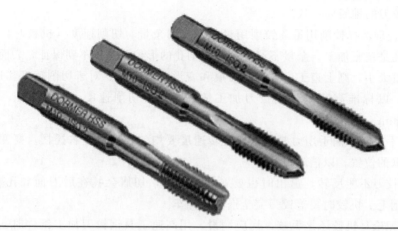

图 3-28 丝锥

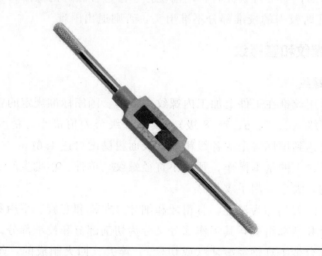

图 3-29 绞杠

对韧性材料：

$$d' = D - P$$

对脆性材料：

$$d' = D - (1.1 \sim 1.5)P$$

式中，d' 为内螺纹底孔直径，mm；D 为内螺纹大径，亦即工件螺纹公称直径，mm；P 为螺距，mm。

盲孔攻螺纹时由于丝锥切削部分不能切出完整螺纹，所以光孔深度要大于螺纹长度与（附加的）丝锥切削部分长度之和，这段附加长度应根据图纸或国家标准确定。

② 攻螺纹操作要领。攻螺纹时，丝锥方头夹于铰杠（铰手）方孔内，先用头锥垂直地进入孔内，两手均匀加压，转动铰杠。当头锥切入 2 牙左右后，用 90°角

尺在两个垂直平面内进行检查，以保证丝锥与工件表面垂直。切削时，每攻 2～4 圈，应倒转 1/2 圈，以断屑。切入 3～4 牙后，丝锥位置正确，无明显偏斜，则只需转动铰杠，不必加压，再加压反而容易破坏牙型。攻完头锥再用二锥、三锥进一步加工。攻盲孔螺纹时，要经常退出丝锥，并及时清除积屑，避免丝锥顶端碰到孔底。机攻时，切削速度一般为 6～15mm/s，用机油或乳化液润滑，以减少丝锥磨损，提高表面质量。

（2）套螺纹

套螺纹是用圆板牙在工件圆杆上加工出外螺纹的方法。由于板牙的廓形属内表面，制造精度不高，故只能加工 7 级以下精度的外螺纹，表面粗糙度 $Ra = 6.3～32\mu m$，通常在批量少、螺杆不长、直径不大、精度不高的情况下或修配工作中，以及缺少螺纹加工设备时应用。板牙实际上是一个螺母，上面钻有几个排屑孔，形成刀刃，两端制出切削锥角为 29° 的内锥，内锥面为切削部分，中部为校准部分，起修正作用。板牙必须与板牙架配合使用（图 3-30）。

图 3-30 圆板牙与板牙架

套螺纹操作步骤如下。

① 确定加工对象直径。套螺纹前，先确定圆杆直径，套螺纹与攻螺纹一样，圆杆的直径应比螺纹的大径小一些。圆杆直径可按公式 $d' = d - 0.13P$ 计算或查表。圆杆端部应有 15°～20° 倒角，便于板牙定心切入。

② 工件的装夹。套螺纹的力矩很大，工件要夹紧，如工件是光杆，可用硬木制的 V 形架作衬垫压紧。工件伸出钳口的长度在满足螺纹长度的前提下要尽量短。

③ 切入和进给。开始切入时，在转动板牙的同时施加轴向力。注意保持板牙端面与圆杆的垂直。切入 3～4 牙后，位置正确，无明显偏斜，则只需转动铰杠，不必加压，再加压反而容易损坏牙型和螺纹。阻力较大时，不能继续扳动，应及时

退出，清理切屑后再加工。

3.3 钳工制作课题

（1）制作六角螺母（图 3-31，表 3-2）

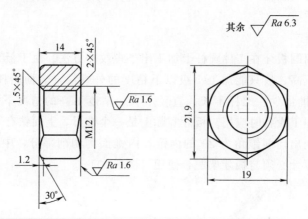

图 3-31 六角螺母

表 3-2 六角螺母制作操作步骤

操作序号	加工简图	加工内容	工具、量具
1. 备料		材料： 45 ♯ 钢、φ25mm 棒料，高度 16mm	钢尺
2. 锉削		锉两平面： 锉平两端面，高度 H = 14mm，要求两端面平行	锉刀、钢尺
3. 划线		划线： 定中心线和划中心线，并按尺寸划出六角形边线和钻孔孔径线，打样冲眼	划针、划规、样冲、小手锤、钢尺

操作序号	加工简图	加工内容	工具、量具
4. 锉削	 1　2　3 4　5　6	锉六个端面： 　先锉平一面,再锉与之相对平行的端面,然后锉其余四个面。在锉某一个面时,参照所划的线,同时用120°样板检查相邻两平面的交角,并用直角尺检查六个角面与端面的垂直度,用游标卡尺测量尺寸,检验平面的平面度、直线度和两对面的平行度。平面要求平直,六角形要均匀对称,相对平面要求平行	锉刀、直角尺、120°样板、游标卡尺
5. 锉削		锉曲面(倒角)： 　按加工界线倒好两端圆弧角	锉刀
6. 钻孔		钻孔： 　计算钻孔直径,钻孔,并用大于底孔直径的钻头进行孔口倒角,用游标卡尺检查孔径	钻头、游标卡尺
7. 攻螺纹		攻螺纹： 　用丝锥攻螺纹	丝锥、铰杠

（2）制作手锤（图 3-32，表 3-3）

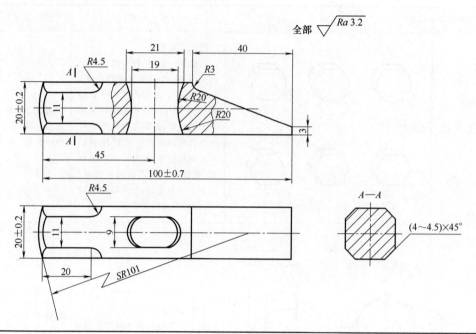

图 3-32 手锤

表 3-3 手锤制作操作步骤

操作序号	加工简图	加工内容	工具、量具
1. 备料		材料： 45♯钢、φ32mm 棒料，长度 103mm	钢尺
2. 划线		划线： 在 φ32mm 两端圆柱表面上划 22mm×22mm 的加工界线，并打样冲眼	划线盘、直角尺、划针、样冲、手锤
3. 錾削		錾削一个面： 要求錾削宽度不小于 20mm，平面度、直线度为 1.5mm	錾子、手锤、钢尺

操作序号	加工简图	加工内容	工具、量具
4. 锯割		锯割三个面： 要求锯痕正确，尺寸不小于 20.5mm，各面平直，对边平行，邻边垂直	锯弓、锯条
5. 锉削		锉削六个面： 要求各面平直，对边平行，邻边垂直，断面成正方形，边长 20.2mm	粗、中平锉刀，游标卡尺，直角尺
6. 划线		划线： 按工件尺寸划出加工界线，并打样冲眼	划针、划规、钢尺、样冲、手锤、划线盘（高度游标尺）等
7. 锉削		锉削五个圆弧： 圆弧半径符合图纸要求	圆锉
8. 锯割		锯割斜面： 要求锯痕整齐	锯弓、锯条

操作序号	加工简图	加工内容	工具、量具
9. 锉削	A向视图	锉削四圆弧和一球面:要求符合图纸要求	粗、中平锉刀
10. 钻孔		钻孔: 用 $\phi 9mm$ 钻头钻两孔	$\phi 9mm$ 钻头
11. 锉削		锉通孔: 用小方锉或小平锉锉掉留在两孔间的多余金属,用圆锉将椭圆孔锉成喇叭口	小方锉或小平锉、8号中圆锉
12. 修光		修光: 用细平锉和砂纸修光各平面,用圆锉和砂纸修光各圆弧面	细平锉、砂纸、圆锉
13. 热处理		淬火: 两头锤击部分 49～56HRC,心部不淬火	由实训指导教师统一编号进行,学生自检硬度

3.4 操作中的 5S 管理

图 3-33 所示的场景我们在工厂中时有碰到,在这种状况下人员的安全与产品的质量就得不到保证。

图 3-33   现场 5S 管理较差的场景

5S 管理是一个特别行之有效而且特别简单的现场管理方法，其核心为：人造环境、环境育人。环境对人的行为是很有约束力的。

5S 源于日本，由于五个关键词的日文发音都是 S 开头，故称为 5S。后来有些人加上一些英文单词，发展为 7S、9S、11S 等，但核心还是 5S。5S 做好了，后面几个 S 是结果，自然是水到渠成。7S 管理见图 3-34。

图 3-34   现场管理的 7S 方法

我们来看一下 5S 中 5 个关键词的含义。

- 整理（SEIRI）：区分必需品和非必需品，现场不放置非必需品。

- 整顿（SEITON）：将寻找必需品的时间减少为零。
- 清扫（SEISO）：将岗位保持在无垃圾、无灰尘、干净整洁的状态。
- 清洁（SEIKETSU）：将整理、整顿、清扫进行到底，并且制度化。
- 素养（SHITSUKE）：对于规定了的事，大家都要遵守执行。

这5个"S"中，第二个"S"整顿最关键，也最难执行，要用到人机工程学、设备布局、人流、物流等知识。整顿的要点是在彻底整理的基础上，确定放置场所，规定放置方法，并进行标识。图3-35为第二个"S"整顿的实施方法，可加深理解。

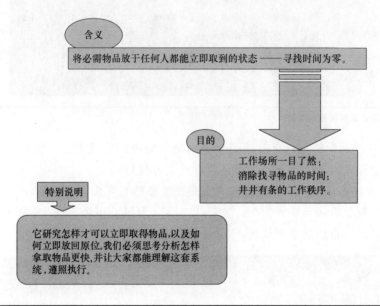

含义

将必需物品放于任何人都能立即取到的状态——寻找时间为零。

目的

工作场所一目了然；
消除找寻物品的时间；
井井有条的工作秩序。

特别说明

它研究怎样才可以立即取得物品，以及如何立即放回原位。我们必须思考分析怎样拿取物品更快，并让大家都能理解这套系统，遵照执行。

图 3-35 5S 中整顿的实施方法

第4章 电工接线基础

4.1 常用工业电气元件

（1）控制按钮

控制按钮是用来接通或断开小电流的开关，红色是停止按钮，绿色是启动按钮（图 4-1）。

图 4-1 控制按钮

（2）刀开关

刀开关是用来接通或断开大电流的开关（图 4-2）。

（3）行程开关（限位开关）

机器中常用行程开关控制往复行程（图 4-3）。

（4）接近开关

机器中常用接近开关来控制动作（图 4-4）。

图 4-2 刀开关

图 4-3 行程开关

图 4-4 接近开关

（5）接触器与继电器

它们都是一种特殊的开关。

接触器（图4-5）：用在主电路系统上，控制单一设备，如某台电机。它是一种开关，能被控制，如用继电器控制，适合做频繁动作，但一般容量比较小，没有保护功能，事故时不能自己跳闸。

继电器（又称中间继电器，图 4-6）：用于辅助电路，不能通过大电流，是典型的"小"东西控制"大"东西。

举一个例子，某一条线路带一个小型电机，要求电机开 5min 停 5min，这要先在线路的出口安装空气开关（断路器），当电机出现问题时及时跳闸，在电机的电源入口处串入接触器，用它实际控制电机的开、停，用继电器组成 5min 延时电路，来控制接触器。

图 4-5　接触器

图 4-6　继电器

4.2 常用生活电气元件

（1）自动空气开关

自动空气开关又叫断路器，外形美观小巧，重量轻，性能优良可靠，分断能力较高，脱扣迅速，有过载、短路保护，在家庭中常用作总开关（图4-7）。

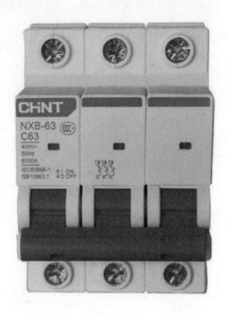

图 4-7 自动空气开关

（2）按钮开关

按钮开关分单控开关和双控开关。

① 单控开关（图4-8）。一个开关控制一盏或多盏灯，在家庭电路中是最常见的，根据所联灯的数量又可以分为单控单联、单控双联、单控三联、单控四联等多种形式。比如，厨房使用单控单联的开关，一个开关控制一组照明灯光；在客厅可能会安装三个射灯，那么可以用一个单控三联的开关来控制。单控单联开关的接法见图4-9。

② 双控开关（图4-10）。一个开关同时带常开、常闭两个触点（即为一对）。通常用两个双控开关控制一个灯或其他电器，意思就是可以有两个开关来控制灯具等电器的开、关。比如，在楼下时打开灯，到楼上后关闭灯，如果是采取传统的开关的话，想要把灯关上，就要跑下楼去关，采用双控开关，就可以避免这个麻烦。另外双控开关还用于控制应急照明回路需要强制点亮的灯具，双控开关中的两端接

图 4-8 单控开关

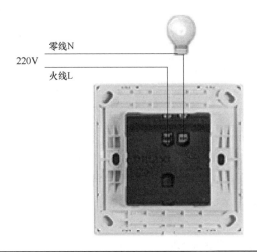

图 4-9 单控单联开关的接法

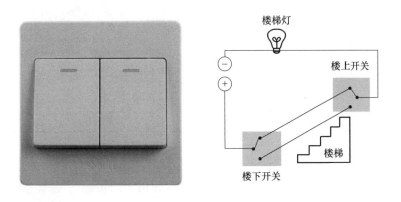

图 4-10 双控开关

双电源，一端接灯具，即一个开关控制一个灯具。双控单联开关的接法见图4-11。

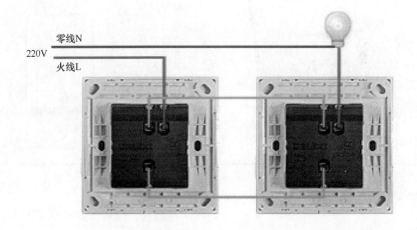

图 4-11 双控单联开关的接法

（3）插座

插座分单相插座和三相插座。

① 单相插座。供电电压为220V，家里用得最多（图4-12）。单相插座面板孔位有2孔（接1根火线和1根零线）和3孔（接1根火线、1根零线和1根接地保护线）两种。

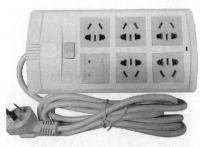

图 4-12 单相插座

② 三相插座。供电电压为380V，大功率电器用（图4-13）。三相插座面板是4孔（接3根火线和1根零线）的。

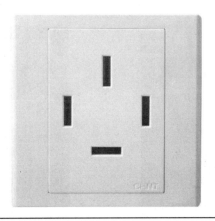

图 4-13 三相插座

4.3 接线训练过程

接线训练过程如图 4-14 所示。

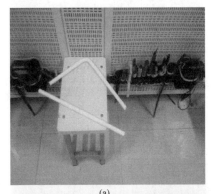

(a)

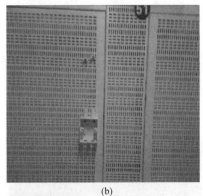

(b)

(c)

(d)

图 4-14

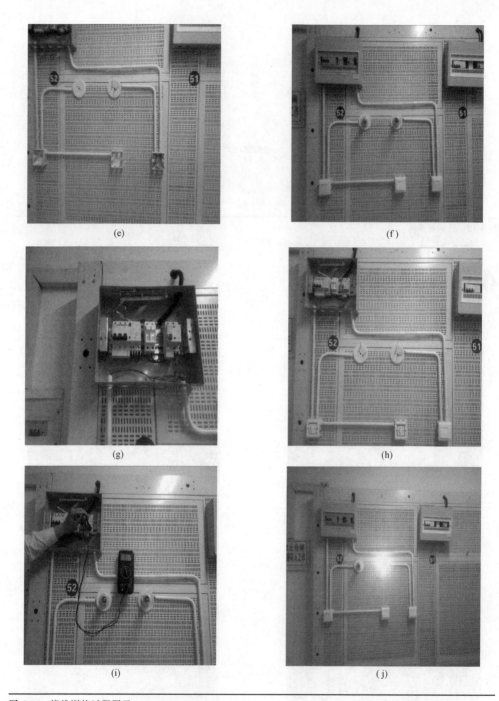

(e)

(f)

(g)

(h)

(i)

(j)

图 4-14 接线训练过程图示

第 **5** 章 木工制作基础

5.1 安全规程

　　木工基础训练首先强调的是"安全"，木工工具一般都有较锋利的暴露刃口，使用时一定要万分小心！最主要的是要掌握好各种工具的正确使用姿势和方法，例如锯割、刨削、斧劈时，都要注意身体的位置和手、脚的姿势是否正确。特别在操作木工电动机械时，因机械速度快，刀口又锋利，尤其要严格遵守安全操作规程。这里强调一下，没有老师在旁边，严禁操作木工机械！

　　木工刀具需要经常修磨，尤其是手工工具中的刨刀、凿刀，要随时磨得锋利，才能在使用时既省力，又保证质量，所谓"磨刀不误砍柴工"就是这个道理。木工锯也要经常修整，要用锉刀将锯齿锉锋利，还要修整"锯路"。锯路是锯齿向锯条左右两侧有规律地倾斜而形成的。使用完毕应将工具整理、收拾好。长期不使用时，应在工具的刃口涂上养护油，以防锈蚀。

5.2 木材认识

5.2.1 年轮

　　树木生长时，形成层细胞不断分裂使树干增粗，新生长的木材围绕成一圈圈的同心圆，通常树木一年只有一个生长期，因此形成一年一圈的年轮（图 5-1）。树木每年都有其生长量，这就是年轮的厚度。

　　从树干的横断面上观察，可看出树干中心与外围部分的色泽不同，中心部分色泽较深称为心材，外围部分色泽较浅称为边材。边材通常吸湿性大，易遭虫害，对细菌抵抗力较弱，易腐朽，利用价值不高，制作高档家具及木制品时一般舍弃不用，只用心材。

图 5-1 树木的年轮

5.2.2 木材的外观特性

① 木材的切面。原木内部有着不同方向的纤维组织，原木锯切时根据不同的纤维方向，可将木材切面区分为横切面、径切面、弦切面三种（图 5-2）。

a. 横切面。切面与树干轴垂直。观察横切面，中央部位称为髓心，最外围是树皮，树皮与髓心之间称为木质部。

b. 径切面。切面平行于树干轴，且通过髓心。观察径切面，树皮在最外侧，髓心在中间，木质部则呈现出一条一条近似平行的年轮线。

c. 弦切面。切面平行于树干轴，但不通过髓心。观察弦切面，树皮在最外两侧，未见髓心，木质部则呈现出山形纹理。

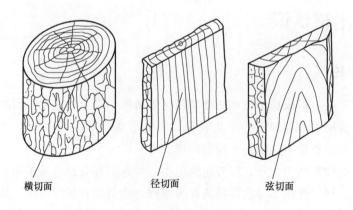

横切面   径切面   弦切面

图 5-2 木材的切面

② 木材的纹理。木材经锯切、刨削后，因木材组织的排列不同而形成各种不同的纹理。通常纹理的形状千变万化，而这不同的纹理形状就是木材自然美及价值特点的呈现。

③ 木材的色泽。木材经锯切或刨光后的外观颜色，因树种的不同而呈现各种不同的色泽。色泽亦是判别木材树种的主要依据之一。刚砍伐下来的树木色泽较艳丽，经过一段时间后，颜色会变暗或褪色。下面列举几种不同色泽的木材。

a. 黑色（图 5-3）。黄檀、黑檀（乌木）、紫光檀、铁刀木等。

黑檀(乌木)　　　　　　　　紫光檀

图 5-3　黑色木材

b. 褐色（图 5-4）。柚木、花梨木、沙比利等。

柚木　　　　　　　　非洲花梨木

图 5-4　褐色木材

c. 红色（图 5-5）。红酸枝、赤桉、樱桃木等。

赤桉 | 美国樱桃木

图 5-5 红色木材

d. 黄色（图 5-6）。黄松、楠木、黄杨木等。

美国黄松 | 黄杨木

图 5-6 黄色木材

e. 紫色（图 5-7）。紫檀、紫心木、黑胡桃等。

紫心木 | 黑胡桃

图 5-7 紫色木材

f. 白色（图 5-8）。白枫、椴木、美国冬青等。

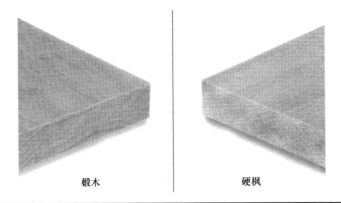

椴木　　　　　　　　　硬枫

图 5-8　白色木材

g. 绿色（图 5-9）。绿檀、日本朴木、乌心石等。

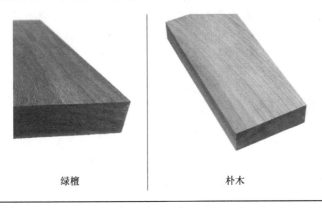

绿檀　　　　　　　　　朴木

图 5-9　绿色木材

5.2.3　木材中的水分

① 游离水。存在于细胞腔及细胞间隙中，生材时游离水含量约占全干质量的 60%，又叫自由水。

② 吸着水。存在于细胞壁内，与木材的力学性能有密切关系，一般木材会随着吸着水的蒸发而渐渐增加强度，吸着水又叫结合水。

③ 纤维饱和点。木材中自由水全部蒸发，而结合水尚未充满饱和，此时称为纤维饱和点。一般树种纤维饱和点含水量为 25%～30%，此时木材称为生材。当木材含水量低于纤维饱和点时，称为气干材，此时木材强度会随着含水量的逐渐减少而逐渐增大。

④ 平衡含水量。木材中的水分最后与大气中的湿度达成平衡，称为平衡含水量。此时木材会停止失水达到一种稳定状态。平衡含水量会随着所在环境的相对湿

度不同而改变。通常用在室外的木材含水率在 $14\%\sim16\%$；用于室内环境的木材，含水率为 $8\%\sim10\%$ 乃至更低。

⑤ 木材干燥的优点。

a. 能够减少收缩、翘曲、开裂等问题的发生。

b. 不易腐朽、发霉及被虫蚁侵蚀。

c. 增强涂层附着力。

d. 增大木材强度及硬度。

e. 减轻木材重量。

⑥ 木材的膨胀与收缩。

a. 木材的收缩。木材收缩是以纤维饱和点为界线，从生材干燥到纤维饱和点并不会收缩，当干燥到纤维饱和点以下时开始收缩。木材有纵向、径向及弦向三个方向，一般弦向收缩最大为 $8\%\sim15\%$，径向次之为 $2\%\sim8\%$，纵向则约为 0.2%。

b. 木材的膨胀。木材接触潮湿的空气或浸水都会吸收水分膨胀。膨胀率与收缩率同样是弦向最大，径向次之，纵向最小。由于木材的收缩与膨胀根据纤维与年轮方向而不同，会引起开裂、翘曲、变形等弊病，故而通常使用径切板作为制作家具或地板的首选材料。

5.3 常用工具

（1）手持电钻

老师傅叫它手枪钻（图 5-10），是最常见也相对较容易使用的工具，可以正转、反转并调节转速，可用于金属、木材、塑料等材料的钻孔。

部分电钻也可以替换螺丝刀头当螺丝刀使用，只要装上各种螺丝刀头，就能轻松安装或取出螺钉。

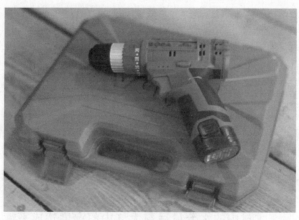

图 5-10　手持电钻

（2）锯子

锯子是最基础的木工工具之一，手锯的种类比较多，各式各样，有中式的框架锯（图5-11），日式的刀锯，欧式的夹背锯、截板锯，等等。各个手锯的功用和使用方法稍有不同。

图 5-11 中式框架锯

传统中式框架锯的上手难度最高，其余现代手工锯虽然使用容易，但锯板依然是个体力活，如果不想这么累或者没那么大力气，也可以使用木工推台锯（图5-12）来完成这些切割操作。

图 5-12 木工推台锯

如木板不大，常用斜切锯，可裁切各种角度，但要避免锯切过小块木料，以免伤手（图5-13）。

还有手持曲线锯，不但可以完成基础切割，配合台式钻床（打孔）使用还可以

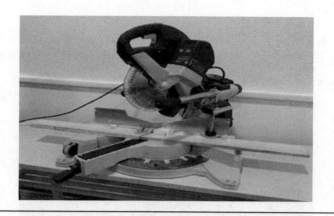

图 5-13　斜切锯

锯出各种形状的板型（图 5-14）。

图 5-14　手持曲线锯

还有一种带锯机（图 5-15），用机器内部的齿轮旋转带动锯条而切割木料。操作带锯机也可以轻松完成木材的造型切割。

（3）刨子

刨子是基础的木工工具之一。刨子可分为中式、日式、西式，并因为各地的使用习惯不同，演化出了一些使用方法上的不同。刨子的用途很多，除了最常用于刨削平面外，还可以进行开槽、修边（拉花）等。

基本台刨（图 5-16）的主要功能就是净光、找平，简单点说就是把一根毛糙凹凸不平的木料，通过刨子刨削出一个光滑的水平面。这绝对是一个技术活，刨削出绝对水平的面是很多新手难以做到的，但是机器的平刨、压刨能很好地帮新手们解决这个问题。图 5-17 左边为平刨机，右边为压刨机。平刨机通常用于刨削基准面和与之相邻的垂直面。压刨机刨削剩下的平行面。

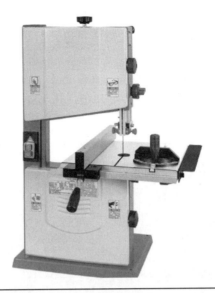

图 5-15 带锯机

图 5-16 台刨

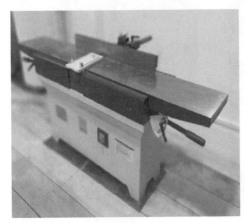

(a) 平刨机

(b) 压刨机

图 5-17 平刨机与压刨机

平刨机与压刨机的发明，大大提高了木工的生产效率，同时也极大地降低了木工制作的门槛，让更多零基础的 DIY 爱好者可以开始制作木制品。

（4）凿子

基础的凿子有两种：直凿和榫眼凿。直凿是木工最常用的凿子，专为手工修整、削凿木材设计；榫眼凿主要用于凿眼开孔，其凿身具有锥度故而使得凿子在加工较深的榫眼时不会卡住（图 5-18）。

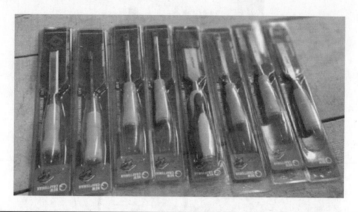

图 5-18　凿子

凿子的使用方式主要有三种：凿掉一部分不需要的木头；开孔；修榫。

榫卯是木工的精髓，初学者想要制作完美的榫卯，要付出更多的练习时间。如果无法快速掌握手工削凿榫卯的技术，也可以利用现代的机器设备实现这些榫卯的精确制作。图 5-19 左边为立式铣床，右边为方榫机，都可制作榫卯。

(a) 立式铣床

(b) 方榫机

图 5-19　立式铣床与方榫机

（5）砂磨机

砂磨机是打磨工具，通过旋转振动携带的砂纸，代替手工的砂磨，大大提高了打磨的效率（图 5-20）。

图 5-20 砂磨机

① 振荡砂光机（图 5-21）。用来砂磨木料的平面、侧面及端面，还可砂磨斜面及利用轮毂外缘砂磨曲面。

图 5-21 振荡砂光机

② 圆盘式砂磨机（图 5-22）。用圆形转动原理砂磨工件，适宜砂磨小平面及圆形或弧形。

图 5-22　圆盘式砂磨机

③ 立式砂带砂磨机（图 5-23）。可研磨小面积工件。

图 5-23　立式砂带砂磨机

④ 立轴式砂磨机（图 5-24）。利用心轴的旋转来砂磨曲线形状的工件。

图 5-24　立轴式砂磨机

（6）立式钻孔机（图5-25）

它是木工常用机械，可替换多规格钻头，用于钻圆孔。

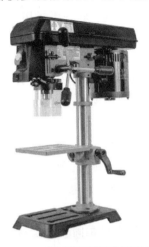

图 5-25　立式钻孔机

（7）汤勺制作用到的手工工具（图5-26）

图 5-26　汤勺制作的手工工具
①—金工锉刀（粗锉）；②—精细木工锉刀；③—铁锤；④—砂纸；⑤—直尺；⑥—雕刻凿；⑦—刮片；
⑧—雕刻刀（刀片在袋内）；⑨—垫木

① 锉刀。本书用到的锉刀为曲锉和粗锉。粗锉的表面是很多可以切割木料或金属的牙。粗锉的粗糙程度和形状各有不同，大多数粗锉一面是平的，另一面是圆弧形的。一部分锉刀会一面较粗糙，另一面较细致。曲锉是弯曲倾斜的小锉刀，用于打磨难以够到的地方，清理缝隙。一般情况下，一把曲锉两头的形状是不同的。

② 手锤。依使用材料不同分为用钢料制成的硬头手锤和头部采用橡皮、塑料、木头等制作而成的软头手锤。在木工工作中，手锤是最常用的工具之一。硬头手锤用来敲击刨刀、凿刀、雕刻刀等工具。软头手锤用于敲打表面易受损的材料，如需要组接的工件。手锤使用及操作时应注意安全，使用手锤不慎引起的工作伤害事故，常见的有下列几项。

a. 锤柄的铁（木）楔松动脱落，或锤柄折断会使锤头飞出伤人，所以使用时应注意锤头及锤柄是否有松动或裂痕现象，觉得有不妥应检修或换一把。

b. 锤柄脱手飞出，原因为手掌有手汗或油污，致不能紧握锤柄，所以应注意经常清洁手掌上的汗湿及油污。

c. 手锤后伸时不慎会打着别人，所以操作手锤时应注意前后左右，以免伤人。

d. 锤面如有腐蚀凹陷时应整修，如果发现锤头有破裂现象，就不要再使用，否则易破碎伤人。

③ 砂纸。是利用黏着剂将研磨料黏固在布上或纸上，借研磨料的硬度与尖锐棱角切削木材纤维的工具。其主要功用是使木面光滑。砂纸打磨是家具制作与木制艺品的最后工序，也是涂装前的准备工作。

a. 砂纸的种类和等级。一般木工用砂纸使用的研磨料有燧石、石榴石、氧化铝。燧石呈灰白色，石榴石呈红棕色，氧化铝呈棕色。磨料的等级是根据颗粒的粗细而定，早期的分级方法是用号码制，就是零制。现在的分级是网眼制，即边长 1in（1in=2.54cm）的四方网子内所钻的孔数为砂纸的目数，如网内有 150 孔，砂纸即为 150 目（图 5-27）。选用不同等级的砂纸，会在工作速度和工作质量上产生很大的差异，如木材表面经机器刨削后很平整，则选 150 目或 180 目砂纸砂磨，若表面有轻微工具痕迹，则选用 100 目或 120 目砂纸砂磨后，再选 150 目或 180 目砂纸砂磨。当从粗砂纸换用细砂纸时，不应该选用粗砂纸两个以上级别的目数。

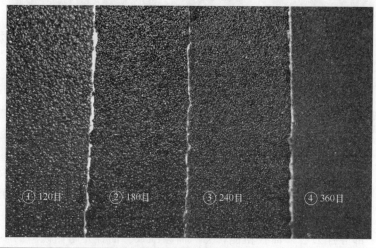

① 120目　　② 180目　　③ 240目　　④ 360目

图 5-27 木工用砂纸

b. 砂纸使用注意事项。砂纸使用时虽然危险性极低，但是砂磨过程中往往因工作者的疏忽造成工件的损坏，特别是着色后的砂磨过程，必须小心谨慎地操作。为了获取更光滑与均匀的砂磨面，砂磨时通常会在砂纸上方垫一块平整的木材或砂磨棒来辅助，可使施力平均、木面光滑。砂纸必须保存于干燥的地方，以免砂纸受潮而使砂粒脱落，失去砂纸的使用效能。砂磨过程必须顺木纹砂磨，可使砂磨效果最理想，不能和木纹呈垂直砂磨，否则会留下砂痕。

④ 直尺。最好选择不反光的，因为会更加容易读数，直尺最长可达 1000mm。

⑤ 雕刻凿。其种类有很多，基本分为四种造型大类，分别是平口凿、圆口凿、U形凿和V形凿。在这四种造形的分类下，雕刻工具仍然有不同的形状和大小，使用哪种工具要根据具体需要制作的造型进行选择（图5-28）。

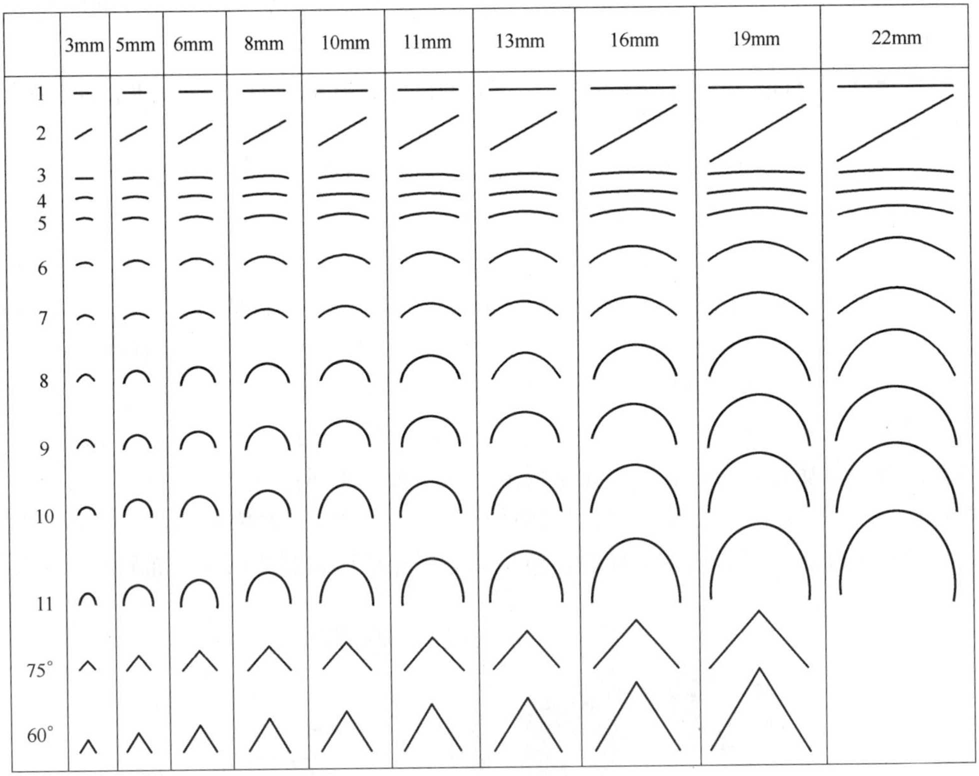

	3mm	5mm	6mm	8mm	10mm	11mm	13mm	16mm	19mm	22mm
1										
2										
3										
4										
5										
6										
7										
8										
9										
10										
11										
75°										
60°										

图 5-28 雕刻凿的形状与尺寸

制作汤勺时主要使用的雕刻凿为圆口凿，包括标准圆口凿和短弯圆口凿。

圆口凿是刃口有一定弧度的雕刻工具，而刃口弧度越大，刃口部分可以切下的木料就越多，前提是两翼部分不切入木料中，这样也可以起到控制刻痕的作用。

短弯圆口凿在雕刻凹陷的区域时可使手柄不会和木料表面接触，也叫勺形凿，其刃部弯曲明显，非常适合雕刻勺子的凹陷处。

⑥ 雕刻刀。标准雕刻刀的刀刃可以是直的也可以是弯的，直的刀刃更有利于打磨和让雕刻者快速判断出切入木料中的刀尖的位置。刀刃的长度也可长可短，因为本书针对初学者，所以建议使用刀刃长度在 4cm 以下的雕刻刀，这是因为短刀刃不会伸得太远，使用时可以避免割伤自己。

⑦ 雕刻工具使用及操作时应注意的事项如下。

a. 雕刻凿的木楔若松动脱落，会使刀头飞出造成伤害，所以使用时应注意工具是否有松动，若有则及时进行加固。

b. 永远不要尝试抓住落下的刀具，以免受伤。

c. 操作时注意力应集中，并时刻注意你的身体部位和刀刃的关系，不要将任何会流血的部位置于刀刃前。如果你一手拿着木料，一手拿着刀具，那么你的手很有可能处于刀刃将经过的位置，这时一定要正确地抓握工具并对手进行适当保护。

⑧ 刮片。材质为锰钢，用于木材、竹材等硬质高密度材料的后期表面精修、找平、刮光。

⑨ 垫木。通常垫于砂纸之下使用，可使表面打磨得更平滑。若在有弧形的木料上打磨，则使打磨后的弧形效果更加顺滑。

（8）木蜡油认识与使用

木蜡油是一种天然植物提炼的木材表面擦拭剂，适用于自然材料及吸收性的表面处理，主要用于木材上油、上蜡、抛光和修护。其主要成分为亚麻籽油、豆油、巴西棕榈蜡等。虽然各生产厂家配料各不相同，但是天然植物油、植物蜡是一罐优质木蜡油的基本配置。因为木蜡油是纯天然植物提炼的产品，不含甲醛、苯酚、多环芳烃及重金属等对人体有害的化学成分，是一种天然环保的表面擦拭剂，在现在重视环保的概念下，已是受到广泛使用的产品（图 5-29）。木蜡油擦拭前应将木材表面使用 320 目或更细的砂纸砂磨，使作品呈现光滑面，再使用棉质布料蘸取木蜡

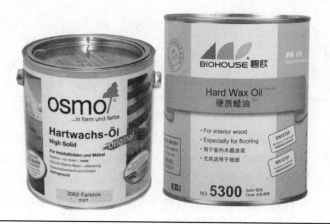

图 5-29 木蜡油

油直接在木材上涂抹，可先与木纹垂直或逆纹方向涂抹，最后再顺木纹涂抹均匀。等候约 24 小时待木蜡油全干后，如表面有粗糙现象，可再用 360 目以上细砂纸砂磨，再次涂抹木蜡油即可。

5.4 制作案例

（1）木制汤勺的制作流程（表 5-1）

表 5-1 木制汤勺制作步骤

1.绘制图纸	绘制 1：1 勺形平面图并标注锯切线	注意：实线为最终轮廓线，虚线是为切割保留了加工余量 请沿细轮廓向内挖凹槽
2.取材	用材为山毛榉（欧洲榉），尺寸为 200mm×50mm×15mm	
3.粘贴图纸	将绘制好的平面图粘贴于山毛榉材料上，并在椭圆形汤匙头上画出中心点,利于定位钻孔	
4.定位钻孔	操作钻孔机钻直径约 25mm、深约 5mm 的孔,利于雕出内凹汤匙头	

5.挖凿勺头	使用雕刻刀挖出内凹形汤勺头	
6.外围造型锯切	操作带锯机锯出汤匙外围及手柄形状	
7.侧面造型锯切	操作带锯机纵切出汤勺侧面外形	
8.完成初磨	操作砂磨机完成初磨	

9. 完成精磨	使用砂纸研磨汤勺,应注意砂纸目数,先使用约 150 目砂纸把棱角磨成弧形,手摸起来要平滑,再换 180 目、240目、360 目砂纸依次完成砂磨操作	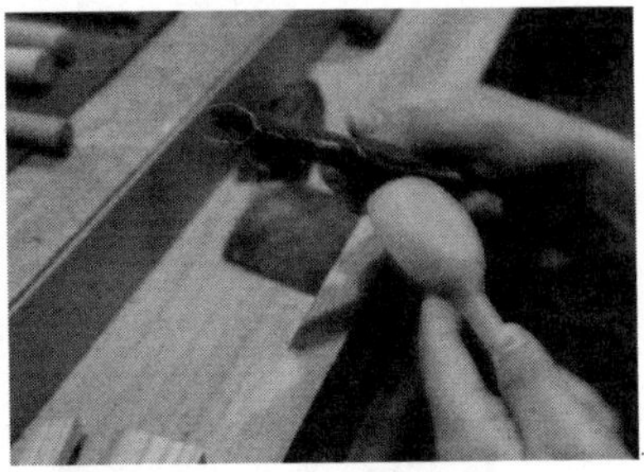
10. 涂装抛光	使用木蜡油涂抹汤勺,待表面干燥后用干净的棉布进行抛光	
11. 完成	完成汤勺制作	

（2）手机用音箱的制作

手机用音箱实物及制作图纸如图 5-30 所示。

手机用音箱制作过程如下。

① 下料。上下音板 2 块,后音板 1 块（图 5-31）;侧导音板 6 块,前导音板 6 块（图 5-32）。

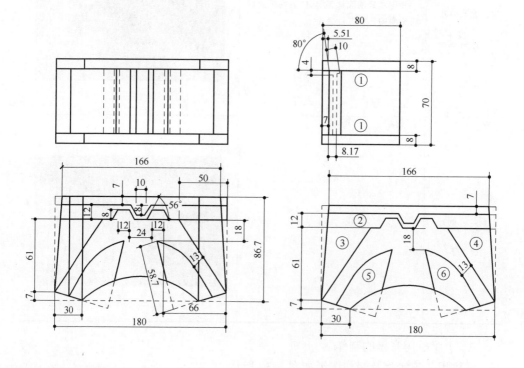

图 5-30 手机用音箱及制作图纸

图 5-31 上下音板及后音板

图 5-32 侧导音板及前导音板

② 制作。以粘贴为主。再次强调，制作时务必做到以下几点。

a. 木工实训要穿工作服，不可穿宽大而松的衣服，应卸下戒指，长头发要系好，不可戴领带，应卷起衣袖，佩戴口罩及防护耳罩。

b. 操作机器前要充分了解该机器及安全规则，一知半解或盲目操作不但影响机器的寿命，而且容易发生危险。

c. 同一工作，有时可使用不同机器施工，皆可达成同一目的，此时要选择最容易且最安全的机器操作。

d. 机器启动前，应先检查机器及操作者周围，确定无其他杂物，一切就绪后，方可启动机器。

e. 机器操作完毕或要中途离开时，必须关掉开关，最好等机器停止旋转后再离开。

f. 启动机器后，应先听机器有无异常的声音，如有应立即停止操作，并且关掉开关、报告老师，无异常才能继续操作。

g. 操作每一台机器，必须遵守该机器的安全规则。不可一边看手机一边操作机器。

第6章 电子制作基础

弱电线路一般是指直流电路，像电子线路（音频、视频线路等）、网络线路以及电话线路这类线路统称弱电线路。它的电压一般在 36V 以内，是对于人体接触而言相对安全的电压。相对于弱电而言，强电指电工领域的电力部分，我们的家用电器及工业电机一般都是连接强电线路，它的电压一般是 220V/380V。

要做一个电子小产品，必须学一些电子知识。

6.1 学会看电路图

首先一定要对每一个元件的作用有所了解，明白电路图上符号的意义，并能将符号与实物一一对应（图 6-1）。

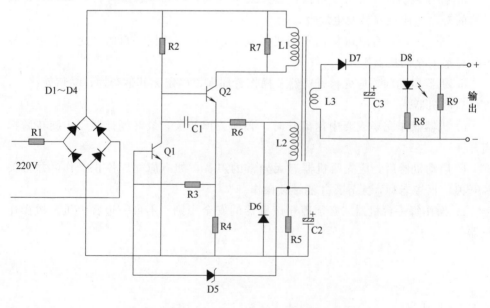

图 6-1 电路图

6.2 挑选电子元器件

想要制作电子产品，就一定要挑选好电子元器件。有实现各种功能的电子元器件（声、光等），我们应根据自己的需要，来选择相应的元器件（图6-2）。

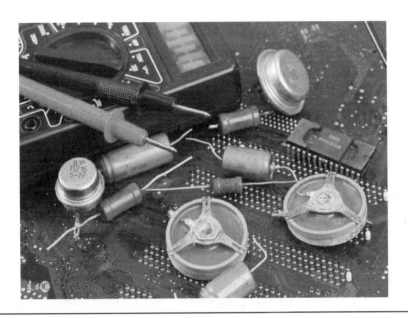

图 6-2 挑选电子元器件

6.3 选用合适的接线方法

在电子制作中，要正确地连接元件，选择合适的接线方法。哪怕只有某一点连接错误，也可能会导致制作失败，因此要认真对待。如果已经选好电路，了解了电路的来龙去脉和元件情况，备齐了所需的元件，在动手之前还必须知道接线方法。

（1）锡丝电焊法

这种方法要使用电烙铁。电烙铁通电发热，使锡丝熔化于元件引线与导线之中。一般此法应用于印刷电路板制作的各种电路中。用此法焊接前，元件引脚、导线及印刷电路板，都要经过去氧化物处理，印刷电路板还要涂上助焊剂。焊接时，先用电烙铁使锡丝熔化，然后把元件引脚与电路板均匀加热，使焊锡固化在连接点上。焊接要求焊点光洁美观，连接可靠，防止虚焊、假焊。锡丝电焊法是电子制作中最常用的方法，也是电子制作最基本的技术。当然在焊锡时不仅要选择优质的电烙铁，还要选择品质好的锡丝。

（2）螺钉固定法

这种方法的特点是只使用简单工具，即螺钉旋具，在木板上制作电路，制作方便，电路直观，初学者容易接受。方法是：取一块厚 0.8～1cm、长宽适宜的木板，把画有电路图的纸贴在木板上；然后按照电路图上元件位置，用自攻螺钉和垫片来固定元件引脚或导线。接线头裸线部分至少要有 1cm，并安放在垫片与自攻螺钉之间，然后用螺钉旋具慢慢地旋紧，以保证良好的接触。

（3）其他

电子制作中还常常使用面包板，面包板的板子上有很多小插孔，电子元器件可以根据需要插入或拔出，免去焊接，非常方便。很多电子积木类游戏器材均采用此法。这种方法节省了电路的组装时间，而且电子元器件可以重复使用，非常适合电子电路的组装、调试和训练。

6.4 制作小电器

① 备料。可以在网上买几个简单的套件（图 6-3）。

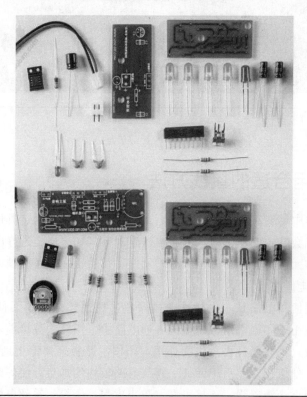

图 6-3 小电器的元器件

② 根据图纸制作小电器（图 6-4）。

图 6-4 制作完成的小电器

参 考 文 献

[1] 曾海泉. 工程训练与创新实践 [M]. 北京：清华大学出版社，2015.

[2] 郑勐. 机电工程训练基础教程 [M]. 北京：清华大学出版社，2015.

[3] 钱可强. 机械制图. [M] 北京：高等教育出版社，2011.

[4] 罗小秋. 职场安全与健康 [M]. 北京：高等教育出版社，2014.

[5] 赵美卿. 公差配合与技术测量 [M]. 北京：冶金工业出版社，2008.

[6] 牛荣华. 机械加工方法与设备 [M]. 北京：人民邮电出版社，2009.

[7] 王宪伦. 机械设计基础 [M]. 北京：化学工业出版社，2009.

[8] 屈圭. 液压与气压传动 [M]. 北京：机械工业出版社，2003.

[9] 张宝忠. 现代机械制造技术基础实训教程 [M]. 北京：清华大学出版社，2004.

[10] 陈宇晓. 数控车铣工（中级）实训 [M]. 北京：机械工业出版社，2010.

[11] 陈宇晓. 数控铣床故障诊断与维修技巧 [M]. 北京：机械工业出版社，2013.

[12] 顾永杰. 电工电子技术实训教程 [M]. 上海：上海交通大学出版社，1999.